# プロジェクトマネージャ

PROJECT MANAGER

情報処理技術者高度試験速習シリーズ

午後I対策は間違いだらけ！

"読むだけ"で、[合格]へまっしぐら!!

三好隆宏 2024年度版

午後I

TAC出版
TAC PUBLISHING Group

## はじめに ──

# 午後Ⅰは問題の "つくり" を知っていれば合格できる

　午後Ⅰの試験は，「処理」中心です。設問要求を読み要求内容を把握する処理，問題文の該当箇所を見つけ出し，解答するための根拠（場合によっては解答そのもの）と要求を対応付けする（あてはめる）処理，要求（制限字数など）に合わせて解答を編集する処理，といった一連の処理です。

　この一連の処理を大きなエラーなく，制限時間内に行うことができれば合格します。したがって，対策の目標は，安定した処理ができるような状態をつくることになります。

　午後Ⅰの典型的な問題ごとの解答箇所は7つか8つです。均一の配点を前提とすると，合格基準は6割ですから，5つで得点できれば合格します。

　これを踏まえると，目標は「コンスタントに5問正解できる状態をつくる」と具体化することができます。

　そのためには，実際の本試験問題やそれを模した演習問題を多数処理することが有効です。しかし，試験対策に十分な時間を割くことができない，午後Ⅰの試験対策にそこまで時間を割きたくないという方もいるでしょう。本書はそのような方を想定して作成しました。つまり，問題を処理するトレーニングなしで，安定した処理ができるようになるための本です。

　本書では，午後Ⅰの「問題のつくり」に焦点をあてています。これをしっかり理解することで，設問要求に対して，問題文のどこをどのように探し，適切な根拠を見つけ，解答をまとめればよいのか，つまり適切な作業イメージを作り上げてゆきます。

　"午後Ⅰはちょっとした準備をすれば60点（合格点）をとることができる"試験です。

2024年1月

三好　隆宏

# 記述試験の攻略法

問題の "つくり" から出題者の狙いを見抜く
プロジェクトマネージャ午後Ⅰ

これが

出題者が期待して
いることを答える。

## 問題の "つくり" と 対応のポイント

攻略プロセス **1**

- ●解答は，出題者の意図を表したものである。
  - ➡出題者の意図した解答以外得点にならない（意図はひとつしかない）。
  - ➡公表される解答例は，あくまで「意図どおりに解答を表現したひとつ
    の例」であり，表現としては複数のバリエーションがある。

### 対応のポイント
  - ➡設問の内容，問題文の内容から，「何を解答させたいのか？」と常に
    出題者の目線で解答を検討する。

 P.7

## 問題の "つくり" と 対応のポイント

攻略プロセス **2**

- ●一つの問題は７つあるいは８つの解答欄で構成されている。
- ●結果的に得点困難なものが１つ２つある。

### 対応のポイント
  - ➡一定の手順と判断基準ですべての問題を処理する。
    ☆これにより，５箇所（6割）以上での得点は可能である。

 P.7

これから本書で詳しく説明していく午後Ⅰ試験の攻略法について，特に重要なポイントを先に示しておく。記述試験を解く際のイメージをつかんでほしい。そして，本書を読み終えたら，またこのページに戻り，総まとめとして攻略法を整理することに利用してほしい。

攻略プロセス **3**

**問題の "つくり"** と **対応のポイント**

●解答は，問題文中に示された根拠にもとづくものである。

**対応のポイント**

➡設問ごとに問題文中に示された根拠をていねいに追いかけて特定し，それをもとに解答を作成する手順を徹底する。

★根拠を特定しないまま浮かんだアイデアで解答することはしない。

↳ P.11

攻略プロセス **4**

**問題の "つくり" のポイント** と **対応のポイント**

●設問の要求（解答すること）は，問題文中に示されている根拠（見つけたこと）の表現・内容とは必ずしも一致しない。

**対応のポイント**

➡設問の処理にあたっては，以下の3つの観点から検討する。

・要求されていること＝解答することは何か。

・解答の特定に必要な根拠はどのようなものになるか。

・解答内容はどのようなものが想定されるか。

↳ P.13

**問題の "つくり" と 対応のポイント**

●問題文は，概要から始まり，それにつづいて，「実施すること」が実施した順に〔小見出し〕つきで記述されている。

●設問は，問題文の〔小見出し〕順に設定されている。

**対応のポイント**

➡設問の処理に着手する前に，問題文の構成・内容をざっと確認する。その際〔小見出し〕の内容，図表の存在とそのタイトル，下線の箇所・内容確認を中心に行う。

➡設問の処理は，設問順に行う。

↳ P.34

**問題の "つくり" と 対応のポイント**

●設問文に下線や図表の指示が含まれており，設問文だけでは要求内容が正確にわからないものがある。

**対応のポイント**

➡設問文の下線や図表が含まれている場合は，該当する下線や図表の内容を問題文で確認し，その内容を反映したかたちで設問の内容を理解する。

↳ P.35

## 問題の "つくり" と 対応のポイント

●問題文中の根拠は，必ずしも設問で指示された小見出しの記述内にあるとは限らない（その前後の小見出しや冒頭の概要に根拠が示されている場合もある）。

●複数の根拠を使用している解答する問題もある。

### 対応のポイント

➡設問で指示された小見出しの記述内に解答内容を十分に特定するだけの根拠が見つからない場合，その前後（冒頭の概要部分を含む）を確認する。

➡特定した根拠の内容が具体性に欠けていると判断した場合は，その具体的な記述がある箇所を探し出す。

⮱ P.37

# 本書の構成と使い方

　本書では，できるだけ効果的・効率的に対策を進めるため，２部構成になっています。

第１部　試験問題の"つくり"と対応のポイントを理解する

　試験の形式，内容，難易度，といった試験の概要と，問題の仕様，要求内容といった試験問題の特徴と処理手順についての説明をしています。また、試験問題の"つくり"とそれに対応するためのポイントも説明しています。

第２部　本試験問題を使って対応のポイントを確認する

　第１部の内容を理解したことを前提に，実際の本試験問題を使って，"問題のつくり"と対応のポイントを説明しています。問題のつくりそのものは，年度が異なっても変わりません。したがって，ここで説明する問題のつくりを理解することで，次の試験の対応に役立てることができます。

巻末　本試験問題，解答例，採点講評一式

　巻末に令和５年度の３問すべてと，令和４年度から１問，令和３年度から１問の試験問題，解答例を掲載しています。

# 目　次

**第1部**

# 試験問題の "つくり" と
# 対応のポイントを理解する

# 1．午後Iのことをどの程度知っているか？

　試験対策とは，「試験の特徴を知り，合格に必要十分な準備をすること」と言ってよいだろう。試験の特徴を知ることが準備そのものであるととらえることもできるし，合格に必要十分な準備を的確に行うための前提とみなすこともできる。いずれにしても，試験の特徴を知ることが必要十分な試験対策を効率的・効果的に進めるために重要であることに変わりはない。

　本書は，プロマネの午後Iについての対策本である。したがって，プロマネの午後Iの特徴と合格するために必要十分な準備について記述した。試験の特徴に関しては，形式面・内容面を含め合格に必要と筆者が判断したものは，すべて説明してある。

　これから対策を開始するにあたって，まず，自分がどの程度午後Iのことを知っているか，簡単にテストしてみよう。

　午後Iの形式に関する以下の記述のうち，適切なものはどれか？

- 制限時間は，90分（12：30〜14：00）である。
- 問題は3問出題され，そのうち2問を選択して解答する。
- 解答は記述式であり，1つの解答欄あたり最大40字程度となっている（ちなみに午後Iに引き続き行われる午後IIは論述式である）。
- 採点方式は素点方式である。
- 100点満点であり，基準点は60点である。プロマネに合格するためには，午後Iで基準点以上の得点が必要である。

　答え：すべて適切である。

　まったくプロマネ試験のことを知らないのでさっぱりわからなかったという場合も，安心してほしい。この第1部で少なくとも午後Iの特徴に関する知識は，必要十分なだけ身につくようになっている。

　さて，形式面の特徴から午後I合格の要件は，次のように整理できる。

**⊞ 90分以内に3問中2問選択して解答し，100点満点の60点以上の得点を取ること。**

この合格要件から試験対策の目標は，次のように設定されることになる。

**⊞ 90分以内に2つの問題を選択し，確実に60点以上の得点になる答案を作成できる状態をつくること。**

ただ，このままでは目標として抽象的すぎる。そのため具体的な対策につなげにくい。つまり，役に立たない。そこで，下位目標に分解してみる。

- どのような3問であっても，迷うことなくそのうちの2問を選択できるようになる。
- 選択した2問について，1問40分程度で確実に60点以上とれる解答を作成できるようになる。
- ★60点は，7，8問中5問正解で達成できる。
  すべての解答欄で得点できる必要はない。

内容的に多少具体化されたが，まだ抽象的である。これから具体的な説明をしていく。読み終えた時点で，具体的に何をどうすればよいのか理解できていると思う。

本書は，読むだけで合格できる状態をつくり上げることを意図したものである。学習効果をより高めるため，次のクイズに挑戦してもらいたい。

### 確認クイズ1

**Q：ある設問において，問題文を確認してみたが，解答の根拠がいまひとつはっきりしない。どうする？**

    A．抽象度の高い一般論で解答する。
    B．再度，問題文中の根拠を探す。

〔解説〕

  午後Ⅰでは，解答内容は，必ず問題文中の根拠をもとにしたものになっている。したがって，根拠がよくわからないからといって，一般論で解答しても得点になることはない。根拠があるのに自分が見落としている（気づいていない）と判断し，再度根拠を探すのが妥当である。よってBが妥当である。

### 確認クイズ2

**Q：制限字数が「30字以内」の設問の解答を解答欄に記述したところ21字になった。どうする？**

    A．そのままにする。
    B．表現や内容を修正し30字に近い解答にする。

〔解説〕

  記述式の解答で重要なのは，内容であって，量や表現ではない。制限字数を超えてしまうのはまずいが，字数が少なくても要求に応えていれば問題ない。そもそもプロジェクトマネージャ試験の午後Ⅰでは，出題者が用意している解答の字数も制限字数ギリギリいっぱいのものではない。よってAが妥当である。

**確認クイズ3**

### Q：以下の問題の解答として最も適しているのは？

問題　ビジネス上のリスクは何か。15字以内で答えよ。
　　A．顧客情報の流出。
　　B．開発チーム要員の残業が増加する。
　　C．プロジェクトが遅延する。

・・・・・・・・・・・・・・・・・・・・・・・・・・・・・・・・・・・・・・・・・・・・・・・・・・・・・・

〔解説〕

　「ビジネス上」に最もあてはまるものを選べばよい。A．の内容は「ビジネス上のリスク」にピッタリなので，B．やC．を選ぶことはないだろう。しかし，それは要求である「ビジネス上」という制約を踏まえて判断した場合である。この点を読み飛ばすと「リスクであれば何でもよい」ということになり，迷うことになる。午後Ⅰでは，設問が要求している内容はもちろん，制約を加えている記述を正確にとらえた解答が求められる。よってAが最も適している。

　どうだろうか？　3つとも正解していなくてもガッカリすることはない。できるかどうか試すためにやってもらったわけではない。これからこれらのポイントも含め，午後Ⅰの特徴と対応策について説明していくが，その説明内容を吸収しやすくなるよう，問いについて考えてもらう場面をつくりたかっただけであるから。
　それでは，具体的な説明に入ろう。

 **ひとこと** ////////////////////////////////////////////////////////

　情報処理技術者試験はペーパーテストである。そのため大学受験対策や資格試験対策など，試験対策をやった経験がある人ほど合格しやすい。頭の良しあしではなく「試験慣れ」しているかどうかということである。試験慣れしていない？
　安心してほしい。本書は試験慣れしていなくても試験慣れしている人のように問題を処理できるようになるためのものである。

# 2. 試験の概要を理解する

　まず試験の概要を把握しておこう。午後Iは記述式の試験である。「書くのは苦手」という意識があるかもしれないが，ひとつの解答の文字数は多くても40字程度であり，内容は問題文に示された内容を利用する（文章を創作したりするわけではない）ものである。また，解答例が公表されるので目標とする解答のまとめ方を事前に把握できる。よって記述することに不安を抱く必要はない。

　また，午後Iは，解答例に加えて公表される講評に「正答率が高い（低い）」という表現を使用していることから，部分点はないと考えられる。つまり，解答が許容範囲内なら○，それ以外は×となるとイメージしておこう。

### ■ 問題とは“問”ではなく“指示”

　次の設問文を確認してほしい。

　「理由は何か。30字以内で述べよ」

　これは「述べよ」という“指示”である。解答内容はあらかじめ出題者が設定しているものである。それを正確に書けという指示である。

　指示である以上，「正確に従うこと」がポイントである。**「問題」というと「解く」というイメージになるかもしれないが，そうではない。単に指示に従うことが求められているのが試験である**（これはこの試験に限ったことではなく，ペーパーテスト一般にあてはまる）。

### ■ 出題者の意図とは？

　“出題者の意図”とは，出題者の考え，意向，企てということである。

　本書で出題者という個人（あるいは集団）を強調しているのには理由がある。情報処理技術者試験は国家試験であり，合格基準は客観性があり明確である。また，採点も組織的に行われているであろう。しかし，問題と解答は個人がつくるものである。複数の人たちで内容検討や校正作業は行っているだろうが，必ず主観的な要素は残る。主観を100％排除することは不可能である。主観である以上，それぞれ異なる。当然，受験者とぴったり一致するということはない。試験問題は

「自分とは異なる人の頭（考え方や知識）」でつくられるものである。そして，**出題者が用意（準備）した解答と同じであれば正解，違えば不正解となる。これが試験である。**そこで，単に「設問で要求されていること」ではなく「出題者が意図したこと」という表現を使うことにより，出題者の存在を意識させたいというのが理由である。

---

**問題の"つくり" と 対応のポイント**

●**解答は，出題者の意図を表したものである。**
　➡出題者の意図した解答以外得点にならない（意図はひとつしかない）。
　➡公表される解答例は，あくまで「意図どおりに解答を表現したひとつの例」であり，表現としては複数のバリエーションがある。

　**対応のポイント**
　➡設問の内容，問題文の内容から，「何を解答させたいのか？」と常に出題者の目線で解答を検討する。

---

**問題の"つくり" と 対応のポイント**

●**一つの問題は7つあるいは8つの解答欄で構成されている。**
●**結果的に得点困難なものが1つ2つある。**

　**対応のポイント**
　➡一定の手順と判断基準ですべての問題を処理する。
　☆これにより，5箇所（6割）以上での得点は可能である。

---

　　　午後Ⅰは，ちょっとした対策を行い，合格を狙って
　　受ければ，高い確率で合格する。

---

　午後Ⅰの形式面の特徴については，すでに説明した。午後Ⅰは，午前の問題と異なり，知識の有無だけで得点できる問題ではない。したがって，どれほどプロマネとしての実務経験や知識が豊富な人であっても，まったく対策（準備）をしないで合格を狙うのは現実的ではない。

　対策が不十分な状態で受験すると，次のようなことになりやすく，結果的に途中であきらめてしまったり，時間不足になったり，的外れな解答になったり，と合格基準を満たす答案を提出できなくなる。

- あらかじめ自分なりの基準を準備しておかないと，問題の選択に迷い，不必要な時間を使ってしまう。
- どの程度の処理スピードで対応すればよいのかわからないと，不必要に処理を急ぐ。あわててしまう。
- どの程度の解答をすればよいのか把握していないと，解答に迷う。

　そうであれば「必要な対策を行えばいい」ということになるわけだが，これがなかなか困難である。先ほど紹介した受験率の低さや，有効答案の少なさがその証拠である。困難な理由は以下の2つと考えられる。

- プロマネの受験者層は実務が忙しく，対策を十分に行う時間がない。
- 合格基準を満たす答案を作成できるようになるための必要十分な対策がわかりにくい。

　いくら忙しいといっても，まったく時間がないという受験者はほとんどいない。「どの程度の対策（準備）をすれば合格できるのか」があらかじめおおまかにでもわかれば，計画的に時間をやりくりして準備することが可能である。実際，合格する人たちが毎年存在する。その中には現役バリバリのプロマネではなく，比較的時間にゆとりのある人たちが含まれてはいるだろうが，すべてがそうだとは考えにくい。

　筆者は，受験者の業務負荷を軽くする立場にないし，本書は，読者の対策時間を増やす手段を提供するものでもない。本書のねらいは，合格基準を満たす答案を作成できるようになるための必要十分な対策をできるだけわかりやすく伝えることにある。そして，ひとりでも多くの読者が「**この程度であれば自分にも実行可能である**」と判断し，実際に行動を起こし，プロマネ試験を受験し合格することを目的としている。

　もちろん，試験は午前もあれば午後Ⅱ（論述）もある。午後Ⅰだけ基準を満たしても合格しない。しかし，午前は知識のみで対応可能であり，午後Ⅱは１週間程度の事前準備のみで十分合格レベルの答案を作成できるようになる（その具体的対策については姉妹書の『プロジェクトマネージャ午後Ⅱ　最速の論述対策』をご覧いただきたい）。そして，残りの午後Ⅰ対策は，本書で必要十分である。

　本書をひととおり読めば，出題者の意図や問題のパターン，根拠のある解答の作成方法が理解できるようにしてある。

　ぜひ，これ以降の内容を吸収して，合格してほしい。

# 3. 問題の仕様を理解する

　午後Ⅰの問題は，問題文と設問の２つから構成されている。これはどの問題にも共通する。そのボリュームや内容的な特徴は次のとおりである。

## ■ 問題文のボリューム

　どの問題も４〜５ページ程度である。ざっと眺めた程度だとこれが多いのか少ないのかピンとこないかもしれない。問題を見慣れていない段階で問題を処理しようとした場合，大抵の人が「ボリュームが多いな」という印象をもつであろう。

　第２部で詳しく説明するが，**解答の根拠となる記述の埋め込み（散りばめ）方など，問題の"つくり"に関する知識を身につければ，問題文のボリュームはまったく問題にならない。**

## ■ 問題文の内容

　具体的な企業の「事例」という内容になっている。「SI事業者E社のF課長」「通信販売事業者M社システム部のN氏」といった企業や人物が複数登場してくるので，その立場や役割をきちんと整理して読み取ることが必要となる。必要に応じて登場する企業と主要な人物の関係図をメモしておくとよい。このメモは後で参照するというより，「メモすることで正解に理解する（覚える）」ためである。

### 登場する企業や人物の関係のメモ例

```
                       発注
  M社          →         E社（ベンダー）
  N氏                     F氏
  （M社側担当）           （PM）
  ☆情報システム部課長
```

> **問題の"つくり" と 対応のポイント**
>
> ●解答は，問題文中に示された根拠にもとづくものである。
>
> > **対応のポイント**
> > ➡設問ごとに問題文中に示された根拠をていねいに追いかけて特定し，
> > それをもとに解答を作成する手順を徹底する。
> > ★根拠を特定しないまま浮かんだアイデアで解答することはしない。

　なお，問題文は**特定の業種やアプリケーション等についての知識がなくても十分に把握できる内容**である。

### ■ 解答のボリューム

　問題１つにつき，設問が３つから４つあり，解答箇所は７，８か所程度である。「記述式」といっても，字数は最大で40字程度であり，１問あたりのトータルで220〜240字の範囲である。いわゆる文章力，表現力などといったものは必要とされない。

# 4．要求内容を理解する

　**合格するために重要なことは「要求に正確に答えること」**である。この観点からは，要求のタイプなど気にする必要性は低く，要求に答えることだけに集中すればよい。

　要求としては「理由やねらい（なぜそうしたか？）」や「対策（何をしたのか？）」がよく出題される。これらについては，解答の根拠さえ正確に見つけ出しさえすれば確実に得点に結びつけることができる。

　ここで注意したいのは，要求内容（解答すること）と問題文に示されている根拠（見つけ出したこと）は，一致しない場合があるということである。

　したがって，各設問の処理にあたっては，以下のことが有効である。

●**「要求されていること＝解答することは何か」を明確にしておく。**
●解答の特定に必要な根拠を想定する。
●解答内容を想定する。

　例を使って説明しよう。設問に対して，３つの観点から検討する具体的なイメージを持っておきたい。

---

　**設問**　要員の追加を要請したねらいは何か？
　●**「要求されていること＝解答することは何か」を明確にしておく。**
　　➡要求は"要請したねらい"である。「・・・するため」というまとめ方になる。
　●**解答の特定に必要な根拠を想定する。**
　　➡「要員の追加を要請」であるから，「計画より少ない」「計画が膨らむ」など，当初の想定（計画）と状況のギャップが読み取れればよい。プロジェクトの目的・目標，特徴も確認したい。
　●**解答内容を想定する。**
　　➡「プロジェクトを計画の期日に完了させるため」「プロジェクトを計画通りに進捗させるため（正常なスケジュールに戻すため）」といったことが考えられる。

---

　このように考えておくと，根拠に気づきやすくなる上に，根拠を特定した後，解

答をまとめる作業の品質が高まる。手間がかかる印象を持つかもしれないが，メモなどする必要はない。頭の中に浮かべる（考える）だけで十分効果が得られる。

---

問題の "つくり" と 対応のポイント

● 設問の要求（解答すること）は，問題文中に示されている根拠（見つけたこと）の表現・内容とは必ずしも一致しない。

**対応のポイント**

➡ 設問の処理にあたっては，以下の３つの観点から検討する。
　・要求されていること＝解答することは何か。
　・解答の特定に必要な根拠はどのようなものになるか。
　・解答内容はどのようなものが想定されるか。

---

● **「リスク」を解答させる問題で失点しないために**

　リスク関連はこれまでほとんど毎年出題されている頻出領域である。

　同時に，**リスクやリスク要因を要求された場合に失点している受験者が多い。**これは筆者の添削者としての経験から確かにいえる。また，本試験の講評からもうかがえる。

　そうであれば，あらかじめ「リスク」タイプへの準備をしておいたほうがよい。このタイプは，単に表現だけではなく，「リスクとはどういったものであって，どういったものではないか」についての適切な知識がないと対応に失敗する。

　対策としては，出題者が要求しているリスクやリスク要因とはそれぞれどのような内容で，どのように表現するものなのか，事前に知識を整備しておくことである。

　午後Ⅱの論述においてもリスクマネジメントをテーマにした出題がある。また，直接テーマになっていない場合でも，リスクについての記述をすることは少なくない。リスクについて不適切な記述をすると「プロジェクトマネージャとしての知識が不十分」という評価になってしまう。その点からもリスクの知識の整備は重要である。

## ■ リスクについての知識

　リスク・リスク要因については，それらがどのような内容で，どのように表現するものなのか，事前に知識を整備しておくことが重要であるということはすでに説明した。当然，それらは出題者が妥当だと考えるものが標準となる。幸い，プロマネ試験は，毎年正解が公表されているので，それらを整理することが最も確実かつ効率的である。

　過去の本試験問題の解答として公表されたリスクとリスク要因の主なものを一覧にしてあるので，まず，この内容を確認してもらいたい。

★解答に使用する可能性があるものなので，内容・表現ともに，ひとつひとつ丁寧に確認してほしい。

### 過去の本試験で解答例として公表された主なリスク

- 人材管理システムの稼働が来年4月から遅延するリスク
- 認識齟齬のまま進み手戻りが生じるリスク
- 新営業支援システムの保管データを失うリスク
- 要件定義以降の工程での手戻りリスク
- 計画どおりの期間で稼働できないリスク
- 作業手順の間違いでプラントを停止させてしまうこと
- タブレット端末の紛失や盗難による情報漏洩
- 入力間違いによるデータが移行され，正しい点検票が表示されないこと
- 記入内容が統一されず確認に時間がかかる
- クリティカルパス上のアクティビティの遅れで，プロジェクト全体が遅れること
- レビューが不十分となることで，他の作業者の成果物の品質低下につながる

> **過去の本試験で解答例として公表された主なリスク要因**
>
> ・取引実績のないZ社に対する管理負荷が高まること
> ・新バージョンの開発スキルをもった要員が確保されない
> ・経理部のメンバが要件定義作業に参加できなくなること
> ・洗い出されていない初期の不具合が発生する
> ・機能仕様の理解が不十分で設計不具合が発生する

　一般に，プロジェクトにおけるリスクおよびリスク要因は，以下のように整理できる。

・リスク＝プロジェクトが計画どおりにならない可能性
　　　　納期遅延，コスト（費用）超過，品質低下，プロジェクトそのものの中止など
・リスク要因＝リスクの原因となる事象

　以上から，次のような解答方針を採用したい。リスク要因が要求された場合は，解答内容に納期，コスト，品質への影響を含めない。リスクが要求された場合は，極力，納期，コスト，品質までつないだ解答（要するにリスクらしい内容の解答）をする。
　たとえば，

・適正な要員がタイムリに集められない
　⇒適正な要員がタイムリに集められず遅延するリスク……安全な解答

　遅延になるのか，品質低下になるのか，その両方なのか，あるいはプロジェクトが中断するのか，リスクの内容は問題文中から読み取ることができるものから選択する。

 **ひとこと** ////////////////////////////////////////////////////////////////////////

　午後Ⅰで問われるリスクは「純粋リスク」と言われるものである。これは「起きる可能性がある避けたいこと」である。

　リスク要因は，避けたいことそのもの。リスクは避けたいことが起きたときの影響（通常は金額で表す）である。

////////////////////////////////////////////////////////////////////////////////////////////////////

● **典型的なまずい例**

　リスクの解答は，ちょっとした表現上のまずさから，失点してしまうケースが多い。特に現状の問題点になってしまうのが典型的なエラーである。すでに説明したように**リスクは将来発生する可能性があることであり，現状すでに発生していることではない**。

　ここで，その具体例を示すので，確認してほしい。

---

〈**設問要求はリスク**〉

例１）×開発メンバが不足している。

　　　➡○開発メンバ不足により納期が遅延する（リスク）

　　　➡○開発メンバ不足により品質が低下する（リスク）

例２）×開発要件が固まっていない。

　　　➡○要件があいまいなため手戻りが発生し納期が遅延する（リスク）

　　　➡○要件があいまいなため手戻りが発生しコストが超過する（リスク）

---

　以上の説明で，プロジェクトのリスクおよびリスク要因についての知識は整ったと思う。もし，まだ不安だという場合は，一覧表および整理した内容を本試験までに何度か確認しておくようにしよう。

**ひとこと** ////////////////////////////////////////////////////////////////

　「プロジェクトマネジメントとは，リスクマネジメントである」と言ってもよいだろう。計画は大事だが，計画どおりにことが運ぶのであれば，プロマネなど不要である。計画どおりに行かないから，マネジメントが必要になる。起きる可能性があることを想定しておいて対策を立てておく。備えあれば憂いなし。試験対策も同じである。

////////////////////////////////////////////////////////////////

## 5．解答の内容とレベルを理解する

　午後Ⅰでは，公表される解答により，出題者が意図した解答を正確に知ることができる。これを生かさぬ手はない。解答するのにどのような知識を必要とするのか，解答の根拠として示されたポイントをどのように使えばいいのか，といったことに加えて，どのようなレベル・内容の解答が要求されているのか，正確な認識をもつことができる。それが本書の考え方のベースとなっている。

### ■ 前提知識について

　出題者は，受験者がある程度の知識をもっていることを前提に問題を作成する。しかし，午後Ⅰの試験対策としてプロジェクトマネジメント関連の知識をあらためて学習する必要はない。

　午後Ⅰは，「午前」のように知識の有無を問うものではないし，前提となる知識は，あくまで「午前」の試験対策で学習する知識である。リスク・リスク要因と課題については，解答作成（表現）上注意を要する点があるため例外的に取り上げたのであって，個々の内容を覚えてもらうためではない。**知識としてもってもらいたいのは，問題のつくりとそれを踏まえた対応のポイントである。**

　ただし，今後の作業を通じて出題者が期待している解答が思いつかなかった場合で，なおかつ，単にそのような内容を知らなかったことに原因があった場合には，必要な知識として身につけるようにしよう。

### ■ 午後Ⅱ対策で得られる知識について

　本書は午後Ⅰ対策に焦点を絞ったものであるが，試験に合格するためには，午後Ⅱ対策も必要である。そして，午後Ⅱ対策は午後Ⅰ対策にもなる。具体的には，午後Ⅱの問題文は午後Ⅰの知識の補強材料として使える。

　午後Ⅱは論述形式の試験である。そこでは，さまざまなテーマ設定において「PMに求められるもの」を前提として答案を作成する。つまり，**午後Ⅱの問題文には，プロマネとしてのあるべき姿が示されている。**したがってその内容を何度か注意深く読んでおくと午後Ⅰの問題を処理する際，役に立つ。

　参考までに，令和5年度から3年度の午後Ⅱの問題文とそこから抽出できる知識を示しておくのでひととおり内容を確認しておくとよい。

〈令和5年度午後Ⅱ〉

**過去問**

問1　プロジェクトマネジメント計画の修整（テーラリング）について

　システム開発プロジェクトでは，プロジェクトの目標を達成するために，時間，コスト，品質以外に，リスク，スコープ，ステークホルダ，プロジェクトチーム，コミュニケーションなどもプロジェクトマネジメントの対象として重要である。プロジェクトマネジメント計画を作成するに当たっては，これらの対象に関するマネジメントの方法としてマネジメントの役割，責任，組織，プロセスなどを定義する必要がある。

　その際に，マネジメントの方法として定められた標準や過去に経験した事例を参照することは，プロジェクトマネジメント計画を作成する上で，効率が良くまた効果的である。しかし，個々のプロジェクトには，プロジェクトを取り巻く環境，スコープ定義の精度，ステークホルダの関与度や影響度，プロジェクトチームの成熟度やチームメンバーの構成，コミュニケーションの手段や頻度などに関して独自性がある。

　システム開発プロジェクトを適切にマネジメントするためには，参照したマネジメントの方法を，個々のプロジェクトの独自性を考慮して修整し，プロジェクトマネジメント計画を作成することが求められる。

　さらに，修整したマネジメントの方法の実行に際しては，修整の有効性をモニタリングし，その結果を評価して，必要に応じて対応する。

　あなたの経験と考えに基づいて，設問ア～ウに従って論述せよ。

［プロジェクトマネジメント計画］
- プロジェクトマネジメントの方法として，マネジメントの役割，責任，組織，プロセスなどを定義する必要がある。
- プロジェクトマネジメント計画を効率的・効果的に作成するため，マネジメントの方法として定められた標準や過去に経験した事例を参照することが有効である。
- プロジェクトマネジメント計画の作成にあたっては，個々のプロジェクトの独自性を考慮して修整する必要がある。

☆プロジェクトの独自性とは，プロジェクトを取り巻く環境，スコープ定義の精度，ステークホルダの関与度や影響度，プロジェクトチームの成熟度やチームメンバーの構成，コミュニケーションの手段や頻度などに現れるものである。
●修整したマネジメントの方法の実行に際しては，修整の有効性をモニタリングし，その結果を評価して，必要に応じて対応する。

**過去問**

**問2**　組織のプロジェクトマネジメント能力の向上につながるプロジェクト終結時の評価について

　プロジェクトチームには，プロジェクト目標を達成することが求められる。しかし，過去の経験や実績に基づく方法やプロセスに従ってマネジメントを実施しても，重要な目標の一部を達成できずにプロジェクトを終結すること（以下，目標未達成という）がある。このようなプロジェクトの終結時の評価の際には，今後のプロジェクトの教訓として役立てるために，プロジェクトチームとして目標未達成の原因を究明して再発防止策を立案する。

　目標未達成の原因を究明する場合，目標未達成を直接的に引き起こした原因（以下，直接原因という）の特定にとどまらず，プロジェクトの独自性を踏まえた因果関係の整理や段階的な分析などの方法によって根本原因を究明する必要がある。その際，プロジェクトチームのメンバーだけでなく，ステークホルダからも十分な情報を得る。さらに客観的な立場で根本原因の究明に参加する第三者を加えたり，組織内外の事例を参照したりして，それらの知見を活用することも有効である。

　究明した根本原因を基にプロジェクトマネジメントの観点で再発防止策を立案する。再発防止策は，マネジメントプロセスを頻繁にしたりマネジメントの負荷を大幅に増加させたりしないような工夫をして，教訓として組織への定着を図り，組織のプロジェクトマネジメント能力の向上につなげることが重要である。

　あなたの経験と考えに基づいて，設問ア～ウに従って論述せよ。

［プロジェクト終結時の評価］

● 今後のプロジェクトの教訓として役立てるために，プロジェクトの終結時の評価の際には，プロジェクトチームとして目標未達成の原因を究明して再発防止策を立案する。

● 目標未達成の原因究明は，直接的に引き起こした原因の特定にとどまらず，プロジェクトの独自性を踏まえた因果関係の整理や段階的な分析などの方法によって根本原因を究明する必要がある。

● 根本原因の究明には，以下の手段が有効である。

・ステークホルダから十分な情報を得る

・客観的な立場で根本原因の究明に参加する第三者を加える

・組織内外の事例を参照し，それらの知見を活用する

〈令和４年度午後Ⅱ〉

**問１　システム開発プロジェクトにおける事業環境の変化への対応について**

　システム開発プロジェクトでは，事業環境の変化に対応して，プロジェクトチームの外部のステークホルダからプロジェクトの実行中に計画変更の要求を受けることがある。このような計画変更には，プロジェクトにプラスの影響を与える機会とマイナスの影響を与える脅威が伴う。計画変更を効果的に実施するためには，機会を生かす対応策と脅威を抑える対応策の策定が重要である。

　例えば，競合相手との差別化を図る機能の提供を目的とするシステム開発プロジェクトの実行中に，競合相手が同種の新機能を提供することを公表し，これに対応して営業部門から，差別化を図る機能の提供時期を，予算を追加してでも前倒しする計画変更が要求されたとする。この計画変更で，短期開発への挑戦というプラスの影響を与える機会が生まれ，プロジェクトチームの成長が期待できる。この機会を生かすために，短期開発の経験者をプロジェクトチームに加え，メンバーがそのノウハウを習得するという対応策を策定する。一方で，スケジュールの見直しというマイナスの影響を与える脅威が生まれ，プロジェクトチームが混乱したり生産性が低下したりする。この脅威を抑えるために，差別化に寄与する度合いの高い機能から段階的に前倒しして提供していくという対応策を策定する。

　策定した対応策を反映した上で，計画変更の内容を確定して実施し，事業環境の変化に迅速に対応する。

　あなたの経験と考えに基づいて，設問ア～設問ウに従って論述せよ。

[計画変更要求のマネジメント]
●計画変更要求は脅威だけでなく機会になり得る。
＜具体例＞計画期間の短縮
機会＝短期開発挑戦というプラス面

機会として生かす対策
＝経験者をチームに加え，ノウハウを習得させる。
脅威＝スケジュールの見直しというマイナス面
脅威を抑える対策
＝重要度の高い機能から段階的に提供する。

 ひとこと

　この令和4年度午後Ⅱの問1では，予想できない事業環境変化によるプロジェクト計画の変更というテーマが扱われています。このような"不確実性への対応"は，昨今の企業経営の主要テーマでもあり，プロマネの試験において今後も出題される可能性が十分にあります。リスクマネジメントとの違いは，「何が起きるか想定できないこと」が対象であるということです。よって，いかに迅速かつ適切な"事後的な対応"を行うかがポイントになります。

問2　プロジェクト目標の達成のためのステークホルダとのコミュニケーションについて

　システム開発プロジェクトでは，プロジェクト目標（以下，目標という）を達成するために，目標の達成に大きな影響を与えるステークホルダ（以下，主要ステークホルダという）と積極的にコミュニケーションを行うことが求められる。

　プロジェクトの計画段階においては，主要ステークホルダへのヒアリングなどを通じて，その要求事項に基づきスコープを定義して合意する。その際，スコープとしては明確に定義されなかったプロジェクトへの期待があることを想定して，プロジェクトへの過大な期待や主要ステークホルダ間の相反する期待の有無を確認する。過大な期待や相反する期待に対しては，適切にマネジメントしないと目標の達成が妨げられるおそれがある。そこで，主要ステークホルダと積極的にコミュニケーションを行い，過大な期待や相反する期待によって目標の達成が妨げられないように努める。

　プロジェクトの実行段階においては，コミュニケーションの不足などによって，主要ステークホルダに認識の齟齬や誤解（以下，認識の不一致という）が生じることがある。これによって目標の達成が妨げられるおそれがある場合，主要ステークホルダと積極的にコミュニケーションを行って認識の不一致の解消に努める。

　あなたの経験と考えに基づいて，設問ア～設問ウに従って論述せよ。

［主要ステークホルダとのコミュニケーション］
＜計画段階でのコミュニケーション＞
●明確に定義されなかったプロジェクトへの期待があることを想定して，プロジェクトへの過大な期待や主要ステークホルダ間の相反する期待の有無を確認する。
＜実行段階でのコミュニケーション＞
●認識の齟齬や誤解（認識の不一致）が生じることのないよう，積極的なコミュニケーションを行う。

〈令和3年度午後Ⅱ〉

過去問

問1　システム開発プロジェクトにおけるプロジェクトチーム内の対立の
　　　解消について

　プロジェクトマネージャ（PM）は，プロジェクトの目標の達成に向け
継続的にプロジェクトチームをマネジメントし，プロジェクトを円滑に推
進しなければならない。

　プロジェクトの実行中には，作業の進め方をめぐって様々な意見や認識
の相違がプロジェクトチーム内に生じることがある。チームで作業するか
らにはこれらの相違が発生することは避けられないが，これらの相違がな
くならない状態が続くと，プロジェクトの円滑な推進にマイナスの影響を
与えるような事態（以下，対立という）に発展することがある。

　PMは，プロジェクトチームの意識を統一するための行動の基本原則を
定め，メンバに周知し，遵守させる。プロジェクトの実行中に，プロジェ
クトチームの状況から対立の兆候を察知した場合，対立に発展しないよう
に行動の基本原則に従うように促し，プロジェクトチーム内の関係を改善
する。

　しかし，行動の基本原則に従っていても意見や認識の相違が対立に発展
してしまうことがある。その場合は，原因を分析して対立を解消するとと
もに，行動の基本原則を改善し，遵守を徹底させることによって，継続的
にプロジェクトチームをマネジメントする必要がある。

　あなたの経験と考えに基づいて，設問ア〜ウに従って論述せよ。

［プロジェクトにおけるチームマネジメント］
● チームの意識を統一するための行動の基本原則を定める。
● チーム内で対立の兆候を察知した場合，対立に発展しないように行動の基本原則
　に従うよう促し，チーム内の関係を改善する。
● 行動の基本原則に従っていても対立に発展してしまった場合は，原因を分析して
　対立を解消するとともに，行動の基本原則を改善し，遵守を徹底させる。

**問2　システム開発プロジェクトにおけるスケジュール管理について**

　プロジェクトマネージャ（PM）には，プロジェクトの計画時にシステム開発プロジェクト全体のスケジュールを作成した上で，プロジェクトが所定の期日に完了するように，スケジュール管理を適切に実施することが求められる。

　PMは，スケジュールの管理において一定期間内に投入したコストや資源，成果物の出来高と品質などを評価し，承認済みのスケジュールベースラインに対する現在の進捗の実績を確認する。そして，進捗の差異を監視し，差異の状況に応じて適切な処置をとる。

　PMは，このようなスケジュールの管理の仕組みで把握した進捗の差異がプロジェクトの完了期日に対して遅延を生じさせると判断した場合，差異の発生原因を明確にし，発生原因に対する対応策，続いて，遅延に対するばん回策を立案し，それぞれ実施する。

　なお，これらを立案する場合にプロジェクト計画の変更が必要となるとき，変更についてステークホルダの承認を得ることが必要である。

　あなたの経験と考えに基づいて，設問ア～ウに従って論述せよ。

［プロジェクトのスケジュール管理］
- 一定期間内に投入したコストや資源，成果物の出来高と品質などを評価し，承認済みのスケジュールベースラインに対する現在の進捗の実績を管理する。そして，進捗の差異を監視し，差異の状況に応じて適切な処置をとる。
- 進捗の差異が遅延を生じさせると判断した場合，差異の発生原因を明確にし，発生原因に対する対応策，続いて，遅延に対するばん回策を立案し，それぞれ実施する。
- プロジェクト計画の変更が必要になる場合は，変更についてステークホルダの承認を得る。

ひとこと ////////////////////////////////////////////////////////////////////////////////

　これから行う午後Ⅰ対策は，午後Ⅱ対策にもなる。午後Ⅱでは事前に準備した題材をベースに論述（解答を作成）する。しかし，受験者の業務内容や経歴によっては，論述に向く題材がないケースが少なくない。また，PMとしての経験が豊富であっても"実際のプロジェクト"のままでは論述に使いにくい。午後Ⅱの論述はテーマ・要求に合わせて"作りあげるフィクション"である。論述で期待されているPMは適切な知識を十分に持ち，それをもとにつねに適切な判断を行い，結果的に必ず担当プロジェクトを成功させる"現実離れしたPM"である。午後Ⅰの題材に登場するPMもその点では同じである。ということは，午後Ⅰの題材を午後Ⅱで使用する題材のネタとして活用するのは理にかなっている。

////////////////////////////////////////////////////////////////////////////////////////////////////

# 6. 解答の根拠となるポイントの埋め込み方を理解する

　午後Ⅰの問題は，問題文と設問の2つから構成されている。解答する側としては，設問要求をもとに，それに解答するために問題文を確認し，解答の根拠となるポイントを見つけ出し（特定し）解答する作業を行う。出題者としては，以下の2つの観点から自分の作成（用意）した解答の根拠となるポイントを考え，問題文中に埋め込む。

**出題者が作成するもの**

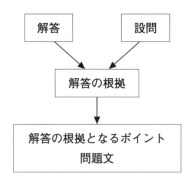

　出題者は，まず，どのようなことを解答させるか決める。その後，その内容が解答になるような要求内容，つまり設問を決める。そして，**その設問要求から自分が期待する解答が論理的に妥当性をもつと同時に他の解答が成立しないようにするための根拠となるポイントを考える**。最後にそれらのポイントを埋め込みながら問題文を作成する。というような手順である。

〈出題者の意図〉
　解答が論理的に導出できること。
　他の内容の解答が妥当性をもたないようにすること。

　たとえば，出題者が，プロジェクトマネジメントに関する基礎的な知識の有無を試す目的で，次の解答と設問のセットを作成したとする。

**解答**：プロジェクトが期限通りに完了しないリスク
**設問**：プロジェクトの最大のリスクを答えよ。

　設問に"最大の"という制約を示し，複数のリスクを解答することを排除しているが，内容的な制約はない。このままでは，「予算オーバーのリスク」や「システム導入後の効果が不十分になるリスク」といった他の解答の妥当性を排除できない。そこで，出題者は次のような根拠を作成し，問題文のしかるべき箇所に配置する。

**根拠①**：このプロジェクトにおいて最も重要なことは，期限通りの完了であった。
**根拠②**：プロジェクトの主要メンバのうち数名が他のプロジェクトと兼務状態であり，計画通りに参画できるかどうか懸念があった。

　根拠①で，「期限通りの完了」が最重要である（＝予算や品質・効果よりも重要である）ことを示し，根拠②でプロジェクト遅延のリスク要因を示している。このようにして出題者は，自分が設定した設問と解答の妥当性を確保する。

**Q：以下の解答と設問を成り立たせるために示す根拠の組み合わせを選べ。**

**解答**：システム保守・運用の負荷及び費用の低減

**設問**：PMがパッケージのカスタマイズを極力行わない方針を明確に打ち出したねらいを20字以内で述べよ。

ア　システム保守・運用の負荷及び費用が高いことが問題視されていたことを示す。

イ　カスタマイズを行わない場合，短期間での導入が可能となることを示す。

ウ　カスタマイズを行えば行うほど，運用及び保守の負荷・費用がかかることを示す。

エ　開発メンバを十分に確保することが困難であることが予想されたことを示す。

オ　導入予定のパッケージが，自社業務に必要な機能を持っていることを示す。

〔解説〕

　アとウを根拠として示せば，この解答と設問は成り立つ。アのみでも成り立たないわけではないが解答の「負荷及び費用の低減（ゼロにするわけではないこと）」と設問の「極力行わない方針（できるだけ抑えたい）」というニュアンスを導き出させるには「カスタマイズを行えば行うほど」というウの内容も根拠として示したほうが妥当性が高くなる。

# 7．的確な答案イメージを理解する

　答案は成果物である。**成果物の望ましいイメージがはっきりしていない，あるいは不適切だと，これから行う努力が無駄なものになってしまう。**ぼんやりしたゴールだと，進む力が強くならない。誤ったゴールだと，どんなに努力しても目的地に到着しない。

　そこで，目指す答案のイメージを整理しておこう。

　目指すイメージとしては，次のように整理できる。

> すべての解答欄に解答が記述されている
> すべてのマス目が埋まっている必要はない

　すでに説明したように，個々の問題への解答は特別な知識を前提としたものではないし，解答の根拠となるポイントの埋め込み方のパターンを知っていれば，時間内に十分対応可能なものである。したがって，**「すべての解答欄に解答が記述されている＝ブランクのまま終わらない」ことを望ましい状態としてイメージする。**合格レベルは6割であるから，必ずしもすべてに対応しなくても合格レベルに達することは可能である。しかし，問題の難易度や配点にそれほどの差がないことから，まんべんなく対応するのが望ましい。

　もうひとつは，個々の解答欄のイメージである。こちらは，**すべてのマス目が埋まっている必要はない。**

　公表されている解答例は，おおよそ制限字数に対して7割〜8割程度のボリュームである。

　**「目指す解答は，制限字数（解答欄）ギリギリいっぱいのものである必要はない」**というイメージをしっかりもっておいてもらいたい。

　それでは，これから，答案作成プロセスについて，作業順に説明していく。

## 8. 午後Ⅰの処理手順を理解する

　ここからは，午後Ⅰの答案作成手順について確認していく。

　読者は「合格点をとる答案を安定的に作成するためにはどうすればよいか？」と考えてみたことはあるだろうか？　「ない」のであれば，今考えてもらいたい。

　試験答案は受験者にとっての成果物である。一般に，成果物の品質を上げ，維持するためにはどのようなことが必要だろうか？　それには，次の2つのことが必要であることは，システム・エンジニアでもある読者には説明不要であろう。

> 安定したプロセス
> 正確な入力

### ■ 問題を選択する

　午後Ⅰは，3問中2問選択という形式になっている。複雑な意思決定ではないが，それでも選択に迷い，バランスを崩す可能性はゼロではないので，以下の方針は重要である。

> できるだけ短時間に選択を完了させ，処理する問題を決定する

　これだけである。そしてそれぞれの問題処理の時間を確保する。それによって，結果的にそれぞれの答案の精度が高まり，安定した結果を手に入れることができる。

　短時間で選択するためにどうしたらいいのか？　それは自分なりの基準をあらかじめ用意しておき，それに基づいて判断することである。ただし，**判断の目標は，自分にとって最も有利な問題を2つ選ぶことではなく，結果的に大差のない問題の選択に不必要な時間をかけてしまうミスを回避すること**である。

### ●選択基準を決めておく

　一般に，ある意思決定が妥当なものかどうかは結果によって決まると考えられて

いる。しかし，結果は，意思決定だけで決まるわけではない。結果は，意思決定（何をどうやって選んだか）のほかに，実行（選んだことをやる）と偶然（たまたまそうなる）に左右される。偶然は偶然であるから手出しができない。そうすると，望む結果を手に入れる確率を高めるためにできることは，①意思決定の質を高めること，②成功するよう実行すること，の2つである。

　ここで重要なのは，②の実行は，①意思決定の質の影響を受けるということである。意思決定の質とは，決めた結果の品質ではなく決め方の品質である。「何をどうやって選んだか」でいえば，「どうやって」の部分である。品質とは何かといえば，これは「自分自身の納得の度合い」と考えてもらえばよい。つまり，**決め方に対する納得度が高ければ高いほど，決めたことを集中して実行しやすい**ということである。そうであれば，意思決定の評価は，最終的な結果ではなく，意思決定した時点でその決め方（どうやって決めたのか）の納得度で行うべきである。

　午後Ⅰでいえば，自分が納得できる問題の選択基準と方法をあらかじめ決めておき，いったん**選択したら，その選択を妥当なものにするために最善を尽くす。結果を出すことに集中する**，ということである。そうすればよい結果が得られる可能性が飛躍的に高まる。そして，望む結果が手に入ったとき，自分の意思決定は決め方も結果も妥当であったということになるのである。

● **実際にどのような基準が考えられるだろうか？**
　一般的には，次のような基準と考え方がある。
〈問題を見る前に決めておく〉
　例：最初から内容と無関係に決めておく（「最初の2問」など）
〈問題を見てから決める〉
　例：問題のテーマと題材で判断する（自分にとってなじみの薄いものを排除する，など）
　　・解答欄で判断する（解答字数が少ない順／多い順，など）

　これらはあくまで例である。ポイントは自分が納得できるかどうかの一点である。繰り返すが，**選択基準をあらかじめ準備するのは，結果的に大差のない問題の選択に不必要な時間をかけてしまうミスを回避するため**であることを忘れないようにしよう。

## ■ 個々の問題の処理

個々の問題の具体的な処理手順に関しては，特に「この手順でなければ合格できない」というものはない。本書の処理手順は「合格する（６割以上の）答案を安定的に作成できる極力シンプルで身につけやすい手順」にすることを目標にしている。

## ■ 問題文の構成・内容を"ざっくり"とらえる。

個々の設問の処理をスムーズかつ正確に行うため，まず，問題文を一読し，全体の構成・内容をざっと確認する。その際〔小見出し〕の内容，図表の存在とそのタイトル，下線の箇所・内容確認を中心に行う。個々の設問処理にあたっては，再度該当する問題文の箇所をじっくり読み取るので，ここではあまり時間をかけず"ざっくり"把握することを心がける。

ただし，登場する企業や人物の関係が複雑そうだと判断した場合は，その関係図をメモしておくことは，設問の正確な理解を助けるため有効である。

---

**問題の"つくり"と 対応のポイント**

● 問題文は，概要から始まり，それにつづいて，「実施すること」が実施した順に〔小見出し〕つきで記述されている。
● 設問は，問題文の〔小見出し〕順に設定されている。

**対応のポイント**

➡ 設問の処理に着手する前に，問題文の構成・内容をざっと確認する。その際〔小見出し〕の内容，図表の存在とそのタイトル，下線の箇所・内容確認を中心に行う。
➡ 設問の処理は，設問順に行う。

---

## ■ 設問内容を理解する

設問文を読み取り，直接要求されていることだけでなく，解答内容を特定するにあたっての制約，解答の組み立て方，解答内容として考えられることを想定する。

この際注意したいのは，下線や図表の扱いである。**特定の下線や図表が設問で指示されていた場合は，該当する下線や図表の内容を確認しておきたい。**

　午後Ⅰの設問の多くが特定の下線や図表に基づく解答を要求している。つまり，下線や図表の具体的内容を確認しないと設問の内容を正確に把握・理解することができないということである。

　簡単な例で確認しておこう。

---

　問　本文中の下線①について，M課長がF氏の意向を直接会って再度確認することにしたのかなぜか。

　＜問題文中の下線①＞

　・・・，①M課長は，今回のプロジェクトに実質的に大きな影響力を持つF氏の意向を直接会って，再度確認することにした。・・・

---

　⬇　下線内容により問を変換する

---

　問　M課長が今回のプロジェクトに実質的に大きな影響力を持つF氏の意向を直接会って，再度確認することにしたのはなぜか。

---

　このように変換することで，設問内容が具体化され解答内容のイメージや根拠の特定がしやすくなる。

---

### 問題の"つくり" と 対応のポイント

●設問文に下線や図表の指示が含まれており，設問文だけでは要求内容が正確にわからないものがある。

### 対応のポイント

➡設問文の下線や図表が含まれている場合は，該当する下線や図表の内容を問題文で確認し，その内容を反映したかたちで設問の内容を理解する。

## ■ 解答の根拠の特定および解答内容の決定

　設問内容の理解に基づき，解答内容を検討・決定するための根拠を探し出す。根拠の示し方については，次の２つの観点を持っておきたい。

　　・根拠が示されている箇所
　　・根拠と解答の内容・表現的ギャップ

　根拠が示されている箇所は，大きく分けて以下の３つである。

□設問で指示された小見出しの記述内
□設問で指示された小見出しの前後の小見出しの記述内
□問題文冒頭の概要部分

　ほとんどの場合，設問で指示された小見出しの記述内には，何らかの根拠はあるから，解答内容を決定するために，複数箇所の根拠を特定する必要がある場合も少なくない。
　対応の難易度としては，根拠が設問で指示された小見出しの記述内だけに示されている場合が最も低く，複数箇所に，しかもそれぞれが離れた箇所に示されている場合が最も高い。

---

**問題の "つくり" と　対応のポイント**

● 問題文中の根拠は，必ずしも設問で指示された小見出しの記述内にあるとは限らない（その前後の小見出しや冒頭の概要に根拠が示されている場合もある）。
● 複数の根拠を使用して解答する問題もある。

**対応のポイント**

➡ 設問で指示された小見出しの記述内に解答内容を十分に特定するだけの根拠が見つからない場合，その前後（冒頭の概要部分を含む）を確認する。
➡ 特定した根拠の内容が具体性に欠けていると判断した場合は，その具体的な記述がある箇所を探し出す。

---

　**根拠と解答の内容・表現的ギャップは，"根拠をそのまま解答に使える度合い"** である。当然，そのまま使える度合いが高いほど難易度は低い。

　たとえば，次の3つの問が下記の根拠を使用して作成する場合で考えてみる。

**問A**　対処しようとした問題点は何か？
**問B**　要員の追加を要請したねらいは何か？
**問C**　スケジュールマネジメント上のリスクは何か？

**根拠**：確保できた要員は計画より質的・量的に不足していた。

　それぞれの問に対する解答の内容・表現を根拠と比較しながら確認してみてほしい。

**問A**　対処しようとした問題点は何か？
　**解答例**：確保できた要員が計画より質的・量的に不足していたこと。
　**根拠と解答の内容・表現的ギャップ**：ほぼそのまま使える。

問B　要員の追加を要請したねらいは何か？

　　**解答例**：質的・量的に計画通りの要員を確保するため。

　　**根拠と解答の内容・表現的ギャップ**：ある程度の加工が必要（問題点を対処の狙いに変換）

問C　スケジュールマネジメント上のリスクは何か？

　　**解答例**：要員不足によりプロジェクトが期限内に完了しないリスク

　　**根拠と解答の内容・表現的ギャップ**：加工が必要（現状から将来を予想し，内容・表現もリスクに変換）

### ■ 解答の編集

　すでに解答内容は決定済みなので，あとは制限字数内に解答を記述するだけである。注意したいのは，制限字数はすべて「以内」だということである。たとえば「30字以内で述べよ」という指示は，30字（解答欄）を超えてはいけないというだけである。25字でも20字でも構わない。解答欄をびっしり埋めないと得点にならないというわけではない。

**確認クイズ**

### Q1：次のうち，プロジェクトのリスク要因に該当するのはどちら？

　　A．チームメンバの残業増加
　　B．納期遅延

### Q2：次のうち，設問要求によりピッタリあてはまるのはどちら？

　設問要求＝ビジネス上のリスク
　　A．顧客情報の流出
　　B．チームメンバの残業増加

### Q3：次の対応で，妥当なのはどちら？

　1）解答の根拠がいまひとつはっきりしない。
　　A．再度，問題文中の根拠を追いかける。
　　B．抽象度の高い一般論で解答する。
　2）制限字数30字以内の問題の解答が，21字になった。
　　A．そのままにする。
　　B．30字ギリギリになるよう内容・表現を修正する。

〔解説〕
　問題なく正解できたと思うが，さらに，効果を高める方法がある。この本を読んで学習したことをしっかり身につけるための問いを自分で考え，それについて答えようとすることである。たとえば，
「Q：一般論の解答を避けるために行う工夫について説明せよ。」
という問いを設定し，自分の言葉で解答する（書くのが効果的。午後Ⅰは記述式の試験であるし）。また，巻末に直近の試験問題，解答例を掲載してある。試験当日の作業イメージを高めるためにも，簡単にシミュレーションしておくとよい。
　念のため，クイズの正解は，すべてAである。

第2部

本試験問題を使って
対応のポイントを確認する

## 本試験問題を使って対応のポイントを確認する

　この第2部では，第1部で説明した答案作成の手順を，実際の本試験問題に適用しながら，具体的なポイントを確認していくことにする。

　本書で目指すのは，「ちょっとした準備で60点以上の答案を作成できる状態になること」である。これは，設問レベルで言えば7，8問中5問正解で達成できる。よって**目標は，選択した問題で確実に5問以上正解できる手順を身につけること**である。この目標を「ちょっとした準備」で実現するため，本書は以下のアプローチを採用する。

● **基本 "読んで理解する" ことで目標を達成する。**
● **極力，身につけるポイントを絞る。**

　第1部で説明したように，設問の難易度（得点のしやすさ）は，次の2つの組み合わせで決まる。

・**根拠が示されている箇所**
・**根拠と解答の内容・表現的ギャップ**

　本試験問題では，さまざまな組み合わせの出題がなされている。本書では，できるだけ多様な組み合わせとその具体的な対応手順を，できるだけ少ない問題数で説明し切ることを目標に，取り上げる本試験問題を選んである。

　取り上げた問題は以下の3タイプである。

・すべての設問が下線や図表の指示を含んでいないタイプ（令和5年度　問3）
・すべての設問が下線や図表の指示を含んでいるタイプ（令和3年度　問2）
・下線や図表の指示を含む設問と含まない設問が混在するタイプ（令和4年度　問1）

　本書の特長は試験問題への対応方法（手順やプロセス）のポイントを理解するこ

とで合格確率を高める点にある。そして，解答作成プロセスにおいて最も重要なのは設問文の読み取りである。

　設問文は，要求（指示）及び解答にあたっての制約を示している。これらを出題者の意図通りに理解しないと，その時点で得点の可能性がほぼなくなってしまう。この読み取り（解釈）処理は，設問文に下線や図表の指示が含まれているかどうかによって異なる。詳細については後述するが，下線や図表が含まれない設問文のほうが処理はシンプルとなる。よって，本書では，まず「下線や図表を含まないタイプ」から確認し，次にすべて「下線や図表を含むタイプ」，そして最後に「下線や図表を含むものと含まないものが混在するタイプ」を取り上げる。

　では，さっそく具体的に確認してみよう。巻末に問題および解答例が掲載されているので，必要に応じて確認してほしい。

### ■ 令和5年度　問3　化学品製造業における予兆検知システム

過去問

> **設問1**　〔プロジェクトの目的〕について，K課長が，工場の技術者と共同でシステムの構想・企画の策定を開始する際に，長年プラントの点検業務を担当してきており，ベテラン技術者からの信頼も厚い，L部長に参加を依頼することにした狙いは何か。35字以内で答えよ。

　設問文に下線や図表の指示が含まれていないので，このまま解釈を加える。
　まず，直接要求されていることと解答のイメージは次のようになる。

**要求**＝L部長に参加を依頼することにした狙い
**解答**＝○○のため

　解答内容を検討する上での制約としては，L部長に参加を依頼したのは「工場の

技術者と共同で進めるシステムの構想・企画の策定」であること，また，「開始」時点からの参加依頼であることが読み取れる。

　さらに，「L部長は，長年プラントの点検業務を担当してきており，ベテラン技術者からの信頼も厚い」人物であることが示されているので，以下のような狙いの内容が想定できる。

**＜解答（狙い）として想定できる内容＞**
・工場技術者との構想・企画の策定を円滑に進めるため
・工場技術者（の意向）の取りまとめの役割を担ってもらうため

　制限字数が35字以内であることを考慮すると，上記内容を肉付けする記述が問題文に示されていることが想定される。もちろん，想定と異なる可能性はあるが，このように具体的な想定をしておくことにより，根拠の特定がやりやすくなる。

　実際に問題文を確認してみる。まず本設問が直接対象にしている〔プロジェクトの目的〕の記述を確認する。

---

〔プロジェクトの目的〕
　K課長は，本プロジェクトの目的を，"プラントの障害の予兆を検知し，障害を未然に防止すること"とした。さらにK課長は，中堅技術者が早い段階からシステムの仕様を理解し，システムを活用して障害の予兆が検知できれば，点検業務を担当することができ，ベテラン技術者の負荷軽減につながると考えた。一方で，システムの理解だけでなく，予兆を検知した際のプラントの特性を把握した交換・修理のノウハウを承継するための仕組みも用意しておく必要があると考えた。K課長は情報システム部のプロジェクトメンバーとともに，工場の技術者と共同でシステムの構想・企画の策定を開始することにした。その際，L部長に参加を依頼して了承を得た。

---

　網掛け箇所に着目しよう。ここにはK課長が考えたプロジェクトの目的やその要件が記述されている。中堅技術者，ベテラン技術者ともに関係するシステム開発プロジェクトであることはわかるが，設問要求であるL部長に参加を依頼することにした狙いの直接的な根拠は読みとれない。

そこで，〔プロジェクトの目的〕の直前の〔予知検知システムの開発〕そして，問題文 4 段落目の記述（以下「冒頭の概要」という）を確認してみる。すると，以下の記述があることに気づく。

> ・・・・（省略）・・・・
> 　ベテラン技術者は，長年の経験で，機器類の障害の予兆を検知するのに必要な知見と，プラントの特性を把握した交換・修理のノウハウを多数有している。J 社では，デジタル技術を活用した，障害の予兆検知のシステム化を検討していた。これによってベテラン技術者の知見をシステムに取り込むことができれば，中堅技術者への業務移管が促進され，双方の不満が解消される。しかし，プラントの点検業務の作業は，一歩間違えば事故につながる可能性があり，プラントの特性を理解せずにシステムに頼った点検業務を行うことは事故につながりかねないとのベテラン技術者の抵抗があり，システム化の検討が進んでいない。

網掛け箇所に着目しよう。ここから知見やノウハウをもつ「ベテラン技術者の抵抗があり，システム化の検討が進んでいない」ことが読みとれる。すでに確認したように，設問文から，「L 部長は，長年プラントの点検業務を担当してきており，ベテラン技術者からの信頼も厚い」人物であることから，その L 部長が参加することにより，ベテラン技術者の抵抗を緩和しシステム化を進める（円滑化する）ことを狙ったという解答を想定することができる。

以上の検討をもとに解答を編集してみる。

> 解答：ベテラン技術者の抵抗を緩和し，システム化の検討を円滑に進めるため
> （32字）

> 公表された解答：ベテラン技術者の抵抗感を抑えプロジェクトに協力させるため（28字）

この解答内容は，公表されている解答例とほぼ同じなので，得点になると考えてよいだろう。

以上のことから，この設問は次のように分類できる。

| 問題文の構成 | 設問で指示された箇所 | 根拠が示された箇所 |
|---|---|---|
| 冒頭（全体概要） | | ●<br>（ほぼそのまま使える） |
| 〔予知検知システムの開発〕 | | |
| 〔プロジェクトの目的〕 | ● | |
| 〔構想・企画の策定〕 | | |
| 〔プロジェクトフェーズの設定〕 | | |

　解答の根拠が，設問で指示された小見出し内ではなく，「冒頭の概要」にあるが，その内容をほぼそのまま解答に使えるので対応は難しくない。

**過去問**

　**設問2**　〔構想・企画の策定〕について答えよ。
(1)　K課長が，L部長に本プロジェクトの目的を説明してもらう際に，工場の技術者全員を集めた狙いは何か。25字以内で答えよ。

　この設問文も，下線や図表の指示が含まれていないので，このまま解釈を加える。まず，直接要求されていることと解答のイメージは次のようになる。

**要求**＝工場の技術者全員を集めた狙い
**解答**＝○○するため

　設問の設定としては，工場の技術者全員を集めたのは「K課長が，L部長に本プロジェクトの目的を説明してもらう際」ということである。すでに処理した設問1の狙いは，「ベテラン技術者」のみを対象にしていたのに対し，この設問は「工場の技術者全員」であるから，「ベテラン技術者」に加え「中堅技術者」も含まれることになる。

　また，「工場全員を集めた」ことの狙いを答えさせるということは，"通常"であれば「全員集めたりしない」ということになる。具体的には「キーパーソンのみ」「参加希望者のみ」「当日参加できる人たち」といったことが比較対象になる。

　以上の解釈をもとに，まずこの設問が直接対象にしている〔構想・企画の策定〕の記述を確認してみる。

> 〔構想・企画の策定〕
> 　K課長は，L部長に依頼して工場の技術者全員を集め，L部長から本プロジェクトの目的を説明してもらった。その上で，K課長は，本プロジェクトでは，最初に要件定義チームを立ち上げ，　・・・（省略）・・・

　ここには，設問文から読みとれる以上の内容は示されていない。そこで，〔構想・企画の策定〕の直前の〔プロジェクトの目的〕と「冒頭の概要」を確認する。

　まず，設問1の処理において確認した〔プロジェクトの目的〕の以下の箇所から，このプロジェクトによって「中堅技術者」が「点検業務を担当できること」，それにより「ベテラン技術者」の「負荷が軽減されること」が読みとれる。

> 〔プロジェクトの目的〕
> 　K課長は，本プロジェクトの目的を，"プラントの障害の予兆を検知し，障害を未然に防止すること"とした。さらにK課長は，中堅技術者が早い段階からシステムの仕様を理解し，システムを活用して障害の予兆が検知できれば，点検業務を担当することができ，ベテラン技術者の負荷軽減につながると考えた。一方で，システムの理解だけでなく，予兆を検知した際のプラントの特性を把握した交換・修理のノウハウを承継するための仕組みも用意しておく

　これらの内容と関連する記述が「冒頭の概要」にある。

> ・・・・(省略)・・・・
>
> 最近は，ベテラン技術者の退職が増え，点検業務の作業負荷が高まった
> ことにベテラン技術者は不満を抱えている。一方で，以前はベテラン技術
> 者が多数いて，点検業務のOJTによって中堅以下の技術者（以下，中堅技
> 術者という）を育成していたが，最近はその余裕がなく，中堅技術者はベ
> テラン技術者の指示でしか作業ができず，点検業務を任せてもらえないこ
> とに不満を抱えている。

　網掛け箇所に着目しよう。「ベテラン技術者」は「点検業務の作業負荷の高まり」に，
そして「中堅技術者」は，「点検業務を任せてもらえないこと」に「不満を抱えている」
ことがわかる。つまり「ベテラン技術者に加え中堅技術者も不満を抱えて」おり，
その不満はシステム活用により解消されることになる。

　以上の検討をもとに，解答を編集してみる。

**解答：全員の不満解消になることを理解させ協力を得るため（24字）**

**公表された解答：技術者全員の不満解消になることを伝えるため（21字）**

　公表されている解答例の内容から考えて，これらの解答は得点になると考えてよ
いだろう。ただし，「技術者全員」を，「（ベテラン，中堅関係なく）すべての技術者」
と解釈した場合，この内容にはなりにくい。

　以上のことから，この設問は次のように分類できる。

| 問題文の構成 | 設問で指示された箇所 | 根拠が示された箇所 |
|---|---|---|
| 冒頭（全体概要） | | ●<br>（ある程度の加工が必要） |
| 〔予知検知システムの開発〕 | | |
| 〔プロジェクトの目的〕 | | ●<br>（ある程度の加工が必要） |
| 〔構想・企画の策定〕 | ● | |
| 〔プロジェクトフェーズの設定〕 | | |

　根拠が設問で指示された小見出し内ではなく，冒頭の概要と直前の小見出し内の記述にあり，それらを関連づけることが必要である。また，それらの根拠も要求に合わせた加工が必要である。さらに，すでに触れたように「全員」を「ベテラン＋中堅」ではなく，「ひとり残らず」と解釈すると，「全員からプロジェクトの理解と協力を得るため」といった解答になる可能性が高い。よってこの設問は得点困難と位置づける。

　**過 去 問**

　**設問2**　〔構想・企画の策定〕について答えよ。
(2)　K課長が，J社とY社との間の知的財産権を保護する業務委託契約の条項を詳しく説明し，認識に相違がないことを十分に確認した上で，Y社に依頼したのはどのような支援か。30字以内で答えよ。

　この設問文も，下線や図表の指示が含まれていないので，このまま解釈を加える。まず，直接要求されていることと解答のイメージは次のようになる。

**要求**＝Y社に依頼した支援内容
**解答**＝○○（について）の支援

　制約としては，「K課長が，J社とY社との間の知的財産権を保護する業務委託

契約の条項を詳しく説明し，認識に相違がないことを十分に確認した上」でY社に依頼したことであるから，“業務委託”に関することと想定される。

　まず，この設問で直接対象としている小見出し箇所の記述を確認してみる。

〔構想・企画の策定〕

　K課長は，L部長に依頼して工場の技術者全員を集め，L部長から本プロジェクトの目的を説明してもらった。その上で，K課長は，本プロジェクトでは，最初に要件定義チームを立ち上げ，長期にわたり蓄積されたセンサーデータから，障害の予兆を検知するデータの組合せを特定すること，及び予兆が検知された際の機器類の交換・修理の手順を可視化することに関して要件定義フェーズを実施することを説明した。要件定義チームは，工場の技術者，情報システム部のプロジェクトメンバー，及びY社のメンバーで構成される。

　K課長は，事前にY社に対し，業務委託契約の条項を詳しく説明していた。特に，J社の時系列データ及びY社のアルゴリズムの知的財産権の保護に関して，認識の相違がないことを十分に確認した上で，Y社にある支援を依頼していた。

・・・・(省略)・・・・

　網掛け箇所に着目してほしい。「Y社のメンバー」は要件定義チームに参画することが読みとれ，「支援」は，要件定義フェーズで予定している作業に関わることであると想定できる。

　設問文から「支援」内容は，「J社の時系列データ及びY社のアルゴリズム」の「知的財産権」の保護を前提にしたものであろうから，「長期にわたり蓄積されたセンサーデータから，障害の予兆を検知するデータの組合せを特定すること」の支援を依頼するのは妥当性がある。「センサーデータ」はJ社の時系列データであり，この保護を前提としつつもここからY社のアルゴリズムを適用するための「障害の予兆を検知するデータの組合せを特定する作業の支援」ということである。

　以上の検討から解答を編集すると次のようになる。

---

**解答①：障害の予兆を検知するデータの組合せを特定する作業の支援（27字）**

---

しかし，Ｙ社に関連する記述として，以下の箇所が気になる。

〔予知検知システムの開発〕
　Ｊ社情報システム部のＫ課長は，ITベンダーのＹ社から設備の障害検知のアルゴリズムを利用したコンサルティングサービスを紹介された。Ｋ課長は，この設備の障害検知のアルゴリズムがプラントの障害の予知検知のシステム化に使えるのではないかと考え，Ｙ社に実現可能性を尋ねた。Ｙ社からは，機器類の状況を示す時系列データが蓄積されていれば，多数ある機器類のうち，どの機器類の時系列データが障害の予兆検知に必要なデータかを特定して，予兆検知が可能になるのではないかとの回答を得た。
　　　　・・・・（省略）・・・・

　網掛け箇所に着目してほしい。ここからITベンダーのＹ社が提供するのは「設備の障害検知のアルゴリズムを利用したコンサルティングサービス」であることが読み取れる。コンサルティングサービスであるから，先に想定した「障害の予兆を検知するデータの組合せを特定する作業支援」はコンサルティング（Ｙ社の提供サービス）そのものとも解釈できる。そうなるとわざわざ「支援を要請する」内容ではないだろう，という解釈も成り立つ。他の解答の可能性を検討すると，以下の箇所が該当する。

〔プロジェクトの目的〕
　Ｋ課長は，本プロジェクトの目的を，“プラントの障害の予兆を検知し，障害を未然に防止すること“とした。さらにＫ課長は，中堅技術者が早い段階からシステムの仕様を理解し，システムを活用して障害の予兆が検知できれば，点検業務を担当することができ，ベテラン技術者の負荷軽減につながると考えた。　・・・・（省略）・・・・

　中堅技術者はＹ社メンバーが参加する要件定義チームにも加わるので，その場においてアルゴリズムの知的財産権の保護に抵触しない範囲で「中堅技術者が早い段

階でシステムの仕様を理解するための支援」を依頼するという解釈は可能である。

　以上の検討から解答を編集すると次のようになる。

> **解答②：中堅技術者が早い段階でシステムの仕様を理解するための支援（28字）**

> **公表された解答：予兆検知に必要なデータを特定するコンサルティング（24字）**

　公表されている解答例の内容から考えて、【解答①】は得点になるが、【解答②】は得点にならないと考えられる。

　以上のことから、この設問は次のように分類できる。

| 問題文の構成 | 設問で指示された箇所 | 根拠が示された箇所 |
|---|---|---|
| 冒頭（全体概要） | | |
| 〔予知検知システムの開発〕 | | ▲<br>（ほぼそのまま使える） |
| 〔プロジェクトの目的〕 | | ▲<br>（ほぼそのまま使える） |
| 〔構想・企画の策定〕 | ● | |
| 〔プロジェクトフェーズの設定〕 | | |

　根拠が設問で指示された小見出し内ではなく、その前の小見出し及びその前の前の記述にあり、どちらも解答する可能性がある。そのうちの一方は得点になる解答であり、もう一方は加点されない可能性が高い。よって本設問は得点困難な問題と位置づける。

**設問2**　〔構想・企画の策定〕について答えよ。
(3)　K課長が，要件定義チームのメンバーとして選任したベテラン技術者
　　と中堅技術者に期待した役割は何か。それぞれ30字以内で答えよ。

　この設問文も，下線や図表の指示が含まれていないので，このまま解釈を加える。
要求は2つである。
　まず，直接要求されていることと解答のイメージは次のようになる。

**要求①**＝ベテラン技術者に期待した役割
**解答①**＝○○（について）の役割

**要求②**＝中堅技術者に期待した役割
**解答②**＝○○（について）の役割

　制約としては，「それぞれ」答えることを要求しているので別々な役割であるということになる。具体的には，「K課長が，要件定義チームのメンバーとして選任した」メンバーであるから，「要件定義チームの運営に関わる役割」「特定の要件定義内容の検討・決定に関わる役割」といったことが想定される。

　まず，この設問が直接対象としている小見出しの記述を確認してみる。

〔構想・企画の策定〕
　　　　　　　　・・・・（省略）・・・・
　K課長は，要件定義チームの技術者のメンバーに，ベテラン技術者だけでなく中堅技術者も選任した。要件定義チームの作業は，多様な経験と点検業務に対する知見・要求をもつ，技術者，情報システム部のプロジェクトメンバー及びY社のメンバーが協力して進める。また，様々な観点から

多様な意見を出し合い，その中からデータの組合せを特定するという探索的な進め方を，要件定義として半年を期限に実施する。その結果を受けて，予兆検知システムの開発のスコープが定まり，このスコープを基に，要件定義フェーズの期間を含めて1年間で本プロジェクトを完了するように開発フェーズを計画し，確実に計画どおりに実行する。

　ここには，ベテラン技術者と中堅技術者のそれぞれに期待した役割を特定する根拠になるような記述はない。期待する役割ということでは，この直前の設問の対応で確認した以下の記述がある。

〔プロジェクトの目的〕
　K課長は，本プロジェクトの目的を，"プラントの障害の予兆を検知し，障害を未然に防止すること"とした。さらにK課長は，中堅技術者が早い段階からシステムの仕様を理解し，システムを活用して障害の予兆が検知できれば，点検業務を担当することができ，ベテラン技術者の負荷軽減につながると考えた。一方で，システムの理解だけでなく，予兆を検知した際のプラントの特性を把握した交換・修理のノウハウを承継するための仕組みも用意しておく必要があると考えた

　網掛け箇所（2箇所）に順に着目してほしい。一つ目はすでに確認したように，中堅技術者に期待される役割である。そして二つ目は「ノウハウの承継」であるから，ベテラン技術者に期待される役割として「ノウハウの中堅技術者への承継」が妥当性をもつと考えられる。
　あらためて設問要求を確認してみると，「要件定義メンバーとして選任した」メンバーに「期待した役割」であるから，「役割」はあくまで「要件定義チームメンバーとして要件定義フェーズで期待されている役割」と考えるのが妥当であろう。そうすると，中堅技術者のほうは「システムを活用する」のはプロジェクト完了後なので，「システムを十分に活用可能な程度に理解する」といった表現が考えられる。ベテラン技術者のほうも同様に「承継」はプロジェクト（システム構築）の結果実現することであろうから，「障害の予兆判断や検知した際の交換・修理のノウハウの提供」といった内容が考えられる。

以上の検討から，それぞれの役割を編集する。

**解答：**
[ベテラン技術者]
　障害の予兆判断や検知した際の交換・修理のノウハウを提供する（29字）
[中堅技術者]
　早い段階からシステムの仕様を十分に活用可能な程度に理解する（29字）

**公表された解答：**
[ベテラン技術者]
　機器類の予兆検知と交換・修理のノウハウを提示する。（25字）
[中堅技術者]
　早い段階からシステムの仕様を理解し活用できるかを確認する。（29字）

公表されているそれぞれの解答例の内容と比較してみると，中堅技術者のほうは若干ポイントが異なっているが，これらの解答は得点になると考えてよいだろう。

以上のことから，この設問は次のように分類できる。

| 問題文の構成 | 設問で指示された箇所 | 根拠が示された箇所 |
|---|---|---|
| 冒頭（全体概要） | | |
| 〔予知検知システムの開発〕 | | |
| 〔プロジェクトの目的〕 | | ●<br>（ある程度の加工が必要） |
| 〔構想・企画の策定〕 | ● | |
| 〔プロジェクトフェーズの設定〕 | | |

それぞれの根拠が設問で指示された小見出し内ではなく，その直前の小見出しの記述にある。根拠は2つとも要求に合わせある程度加工することが必要であるが十分得点可能である。

**設問3** 〔プロジェクトフェーズの設定〕について答えよ。

(1) K課長が，本プロジェクトのプロジェクトフェーズの設定において，要件定義フェーズと開発フェーズは特性が異なると考えたが，それぞれのプロジェクトフェーズの具体的特性とは何か。それぞれ20字以内で答えよ。

下線や図表の指示が含まれていないので，このまま解釈を加える。要求は2つである。

まず，直接要求されていることと解答のイメージは次のようになる。

**要求①**＝要件定義フェーズの具体的特性
**解答①**＝○○（という特性）

**要求②**＝開発フェーズの具体的特性
**解答②**＝○○（という特性）

制約としては，「それぞれ」答えることを要求しているので別々な特性があるということになる。K課長が「本プロジェクトのプロジェクトフェーズの設定」において「異なると考えた」ということなので，一般論ではなく，問題文に示されている「本プロジェクト」の内容にもとづく特性ということであろう。

まず，この設問が直接対象にしている小見出しの記述を確認してみる。

〔プロジェクトフェーズの設定〕
　本プロジェクトには，要件定義フェーズと開発フェーズという特性の異なる二つのプロジェクトフェーズがある。K課長は，要件定義フェーズは，仮説検証のサイクルを繰り返す適応型アプローチを採用して，仮説検証の1サイクルを2週間に設定した。一方，開発フェーズは予測型アプローチを採用し，本プロジェクトを確実に1年間で完了する計画とした。

　網掛け箇所に着目してほしい。ここにはそれぞれのフェーズに採用したアプローチが示されている。ただし，その採用理由やフェーズの特性との関連に関する情報は示されていない。よって，まず直前の小見出しの内容から要件定義フェーズと開発フェーズの特性に関連する記述を確認する。その結果，以下の箇所が見つかる。

〔構想・企画の策定〕
　　　　　　　　　　・・・・（省略）・・・・
　要件定義チームの作業は，多様な経験と点検業務に対する知見・要求をもつ，技術者，情報システム部のプロジェクトメンバー及びY社のメンバーが協力して進める。また，様々な観点から多様な意見を出し合い，その中からデータの組合せを特定するという探索的な進め方を，要件定義として半年を期限に実施する。その結果を受けて，予兆検知システムの開発のスコープが定まり，このスコープを基に，要件定義フェーズの期間を含めて1年間で本プロジェクトを完了するように開発フェーズを計画し，確実に計画どおりに実行する。

　網掛け箇所（2箇所）に着目してほしい。前者は要件定義フェーズに関する進め方，後者は開発フェーズの進め方に関する記述であることがわかる。また，すでに確認したように「それぞれのフェーズで採用したアプローチ（要件定義フェーズは仮説検証のサイクルを繰り返す「適応型アプローチ」，開発フェーズは「予測型アプローチ」）が明示されている

　ことから，「フェーズの具体的特性」は，その進め方に関する内容と考えられ，網掛け箇所を根拠とした解答が期待されている可能性が高いと判断できる。

　以上の検討をもとに，それぞれの解答を編集する。

解答：
〔要件定義フェーズ〕
　期限を決めその間探索型で進める　（15字）
〔開発フェーズ〕
　スコープを基に策定した計画どおりに進める　（20字）

公表された解答：
[要件定義フェーズ]
　探索型な進め方になること（12字）
[開発フェーズ]
　計画を策定し計画どおりに実行すること（18字）

　公表されている解答例の内容から考えて，これらの解答は得点になると考えてよいだろう。

　以上のことから，この設問は次のように分類できる。

| 問題文の構成 | 設問で指示された箇所 | 根拠が示された箇所 |
|---|---|---|
| 冒頭（全体概要） | | |
| 〔予知検知システムの開発〕 | | |
| 〔プロジェクトの目的〕 | | |
| 〔構想・企画の策定〕 | | ●<br>(ほぼそのまま使える) |
| 〔プロジェクトフェーズの設定〕 | ● | |

　根拠が設問で指示された小見出しの直前の小見出しの記述にあり，その根拠もほぼそのまま利用して解答可能である。よって本問は十分得点が可能である。

**ひとこと** ////////////////////////////////////////////////////////////////////////////////////

★問題文中に示された根拠を優先する

　本設問の対応において，以下の知識を使って解答することも考えられる。

適応型・・・アジャイル型の特性　臨機応変に進める
予測型・・・ウォーターフォール型の特性　計画どおりに進める

　これらの解答が加点されたのかどうかは不明である。その一方で，ここまで検討したように問題文に示されている根拠をもとに解答を作成すれば確実に加点される解答が可能である。よって，解答作成時は一般的な知識より問題文中に示された根拠を優先する方針を徹底したい。

////////////////////////////////////////////////////////////////////////////////////////////////////////////////

**過去問**

　**設問3**　〔プロジェクトフェーズの設定〕について答えよ。

　(2)　K課長が，機器類の交換・修理の手順を模擬的に実施することで，手順の間違いがプラントにどのように影響するかを理解できる機能を予兆検知システムに実装することにした狙いは何か。35字以内で答えよ。

　下線や図表の指示が含まれていないので，このまま解釈を加える。
　まず，直接要求されていることと解答のイメージは次のようになる。

**要求**＝機能を予兆検知システムに実装することにした狙い
**解答**＝○○するため

　この設問では特に解答にあたっての制約はない。また，「機器類の交換・修理の手順を模擬的に実施することで，手順の間違いがプラントにどのように影響するかを理解できる機能を予兆検知システムに実装する」ことに関しては，すでに設問2

(3)のK課長がベテラン技術者に期待した役割を検討する際に，以下の記述を確認している。

〔プロジェクトの目的〕
　K課長は，本プロジェクトの目的を，"プラントの障害の予兆を検知し，障害を未然に防止すること"とした。さらにK課長は，中堅技術者が早い段階からシステムの仕様を理解し，システムを活用して障害の予兆が検知できれば，点検業務を担当することができ，ベテラン技術者の負荷軽減につながると考えた。一方で，システムの理解だけでなく，予兆を検知した際のプラントの特性を把握した交換・修理のノウハウを承継するための仕組みも用意しておく必要があると考えた

　さらに，設問にある「機器類の交換・修理の手順を模擬的に実施することで，手順の間違いがプラントにどのように影響するかを理解できる機能」に関わる記述についても，設問1の処理をする際，「冒頭の概要」に以下の記述を確認している。

・・・・(省略)・・・・
　J社では，デジタル技術を活用した，障害の予兆検知のシステム化を検討していた。これによってベテラン技術者の知見をシステムに取り込むことができれば，中堅技術者への業務移管が促進され，双方の不満が解消される。しかし，プラントの点検業務の作業は，一歩間違えば事故につながる可能性があり，プラントの特性を理解せずにシステムに頼った点検業務を行うことは事故につながりかねないとのベテラン技術者の抵抗があり，システム化の検討が進んでいない。

　この記述を裏返すと「プラントの特性を理解した」上であれば，ベテラン技術者は抵抗しないということになる。この解釈と〔プロジェクトの目的〕の記述を合わせると，解答は，以下のようになる。

解答：ベテラン技術者が行う交換・修理のノウハウ承継の抵抗をなくすため
(31字)

公表された解答：中堅技術者がベテラン技術者の交換・修理のノウハウを継承
するため（31字）

　公表されている解答例の内容から考えて，この解答は得点になると考えてよいだ
ろう。

　以上のことから，この設問は次のように分類できる。

| 問題文の構成 | 設問で指示された箇所 | 根拠が示された箇所 |
|---|---|---|
| 冒頭（全体概要） |  | ●<br>（ある程度の加工が必要） |
| 〔予知検知システムの開発〕 |  |  |
| 〔プロジェクトの目的〕 |  | ●<br>（ある程度の加工が必要） |
| 〔構想・企画の策定〕 |  |  |
| 〔プロジェクトフェーズの設定〕 | ● |  |

　根拠が設問で指示された小見出し内ではなく，しかも2箇所の記述に気づき，解
釈する必要があるが，すでにここまでに処理した設問の検討で読み取っている内容
であるため，十分得点が可能である。

　以上で問3のすべての設問の具体的な検討は終了である。解答箇所は8箇所で，
そのうち得点できると考えられるのは少なくとも6箇所である。これは十分目標を
達成している。

> **まとめ**
>
> 　本問はすべての設問が設問文だけを解釈する問題になる。複数箇所の根拠を関連づけて解釈したり，要求に合わせてある程度の加工処理をしたりする設問が含まれているが，設問順に処理していけば目標値である「5問正解」を十分に達成できる。

## ■ 令和3年度秋期　問2

　次に確認する問題は，設問7つすべてが特定の下線の指示を含むもので構成されている。設問の解釈時点で問題文中の下線内容を確認する手間がかかる分，対応は複雑になるが，その手間をかけることで適切に要求内容を把握し得点可能性を高めることができる。以下の具体的対応例をもとにその手順を理解しよう。

### 過去問

**設問1**　〔L社業務管理システム〕の本文中の下線①について，N課長が，改善プロジェクトのプロジェクト計画を作成するに当たって，プロジェクトの目的及びQCDに対する考え方の違いを整理した狙いは何か。35字以内で述べよ。

設問文は下線部を含むので，**下線①の内容を確認**する。

〔L社業務管理システム〕

　　　　　　・・・・(省略)・・・・
　N課長は，まずスコープとQCDのマネジメントプロセスの検討に着手した。その際，M氏の意向を確認した上で，①構築プロジェクトと改善プロジェクトの目的及びQCDに対する考え方の違いを表1のとおりに整理した。

　改善プロジェクトの比較対象が「構築プロジェクト」であることが読み取れる。この内容を補うと設問文は次のように変換できる。

**＜下線①の内容を補った設問１の設問文の例＞**

> N課長が改善プロジェクトのプロジェクト計画を作成するにあたって，構築プロジェクトと改善プロジェクトの目的及びQCDに対する考え方の違いを整理した狙いは何か。35字以内で述べよ。

ここから直接要求されていることとその解答のイメージは次のようになる。

**要求**＝違いを整理した狙い
**解答**＝○○するため

　内容的な制約は，「プロジェクト計画作成に関連すること」である。
具体的には，
・計画を適切な内容にするため
・計画作成を素早く行うため
といったことが考えられる。

　以上の想定をもとに，設問の対象となっている［L社業務管理システム］の内容を確認してみる。

> ［L社業務管理システム］
> 　L社業務管理システムは，業務プロセスの抜本的な改革の実現を目的に，処理の正しさ（以下，正確性という）と処理性能の向上を重点目標として構築され，業務の効率化に寄与している。業務の効率化はL社内で高く評価されているだけでなく，生産性の向上による戦略的な価格設定や新たなサービスの提供を可能にして，CS向上にもつながっている。また構築プロジェクトは品質・コスト・納期（以下，QCDという）の観点でも目標を達成したことから，L社経営層からも高く評価されている。
>
> 　N課長は，改善プロジェクトのプロジェクト計画を作成するに当たって，社内で高く評価された構築プロジェクトのプロジェクト計画を参照して，

スコープ，QCD，リスク，ステークホルダなどのマネジメントプロセス
を修整し，適用することにした。N課長は，まずスコープとQCDのマネ
ジメントプロセスの検討に着手した。その際，M氏の意向を確認した上で，
①構築プロジェクトと改善プロジェクトの目的及びQCDに対する考え方
の違いを表1のとおりに整理した。

表1　構築プロジェクトと改善プロジェクトの目的及びQCDに対する考え方の違い

| 項目 | 構築プロジェクト | 改善プロジェクト |
|---|---|---|
| 目的 | L 社業務管理システムの構築によって，業務プロセスの抜本的な改革を実現する。 | L 社業務管理システムの改善によって，顧客の体験価値を高め CS 向上の目標を達成する。 |
| 品質 | 正確性と処理性能の向上を重点目標とする。 | 現状の正確性と処理性能を維持した上で，顧客の体験価値を高める。 |
| コスト | 定められた予算内でのプロジェクトの完了を目指す。要件定義完了後は，予算を超過するような要件の追加や変更は原則として禁止とする。 | CSWG の活動予算の一部として予算が制約されている。 |
| 納期 | 業務プロセスの移行タイミングと合わせる必要があったので，リリース時期は必達とする。 | CS 向上が期待できる施策に対応する要件ごとに迅速に開発してリリースする。 |

　網掛け箇所に着目しよう。今回のプロジェクトの比較対象となる「構築プロジェ
クト」は，「社内で高く評価された」プロジェクトであることがわかる。また，「マ
ネジメントプロセスを修整し，適用することにした」という記述は“目的＝狙い”
を表しているとも考えられる。つまり“成功したプロジェクトをもとにマネジメン
トプロセスを修整・適用するため”という狙いが想定される。しかし，設問の設定は，
「考え方の違い」に焦点をあてているので，解答としては使いにくい。
　表1には，2つのプロジェクトの目的及びQCDの具体的内容が示されているが，
この内容を解答に使用するとは考えにくい。また，他の箇所に根拠が示されている
とも考えにくい（実際，見当たらない）。よって，ここまでの解釈をもとに解答を
作成する。

"成功したプロジェクト"であることに力点をおくと，

> **解答①：成功した構築プロジェクトをもとにすることで計画の適切性を高める
> ため（33字）**

あるいは，"マネジメントプロセスを修整・適用"に力点をおくと，

> **解答②：マネジメントプロセスの修整・適用を適切かつ迅速に行うため（28字）**

一方，公表された解答例は，以下の内容である。

> **公表された解答例：違いに基づきマネジメントプロセスの修整内容を検討する
> から**

解答例を見ても出題者の意図がわからない上，要求に対して適切な内容・表現ではない。この内容は"狙い"ではなく，ただ"次に行うこと"であり，"理由"のような表現になっている。これは得点困難である。

以上のことから，この設問は次のように整理できる。

## ■設問１の整理

| 問題文中のセクション（小見出し） | 設問で指示された箇所 | 根拠が示された箇所 |
|---|---|---|
| 冒頭（全体概要） | | |
| [L社業務管理システム] | ● | ●<br>（ある程度の加工が必要） |
| [スコープ定義のマネジメントプロセス] | | |
| [QCDに関するマネジメントプロセス] | | |

本問は，設問内容と本文中の根拠から公表された内容を解答することは困難である。解答②は内容的に重なるところもあるが，加点されたかどうかはわからない。

設問2　〔スコープ定義のマネジメントプロセス〕について, ⑴〜⑶に答
えよ。
　　⑴　本文中の下線②について, 改善プロジェクトが追加する情報と
　　　は何か。20字以内で述べよ。

設問文は下線部を含むので, **下線②の内容を確認する**。

〔スコープ定義のマネジメントプロセス〕
　　　　　　　　　　　・・・・(省略)・・・・
・CSWGが, 施策ごとにCS向上の効果を予測して, 改善プロジェクトへの
　要求事項の一覧を作成する。そして, 改善プロジェクトは技術的な実現
　性及び影響範囲の確認を済ませた上で②全ての要求事項に対してある情
　報を追加する。

下線②の内容を補うと, 設問2⑴は以下のようになる。

**＜下線②の内容を補った設問2⑴の設問文の例＞**

　　改善プロジェクトが全ての要求事項に対して追加する情報は何か。20字
　以内で述べよ。

ここから直接要求されていることとその解答のイメージは次のようになる。

**要求**＝情報項目・内容
**解答**＝○○の情報

　以上の想定をもとに, 設問の対象となっている〔スコープ定義のマネジメントプ
ロセス〕の内容を確認してみる。

〔スコープ定義のマネジメントプロセス〕

　N課長は，表1から，改善プロジェクトにおけるスコープ定義のマネジメントプロセスを次のように定めた。

・CSWGが，施策ごとにCS向上の効果を予測して，改善プロジェクトへの要求事項の一覧を作成する。そして，改善プロジェクトは技術的な実現性及び影響範囲の確認を済ませた上で②全ての要求事項に対してある情報を追加する。改善プロジェクトが追加した情報も踏まえて，CSWGと改善プロジェクトのチームが協議して，CSWGが要求事項の優先度を決定する。

・・・・(省略)・・・・

　網掛け箇所に着目しよう。全ての要求事項にはすでにCSWGが予測した「CS向上の効果」が情報として存在していることが読み取れる。また，改善プロジェクトは，施策ごとに「技術的な実現性と影響範囲の確認を済ませた上で」追加するという設定である。さらに，下線②の後の記述から，これらをもとに要求事項の優先度を決定することが読み取れる。ただし，"欠けている情報"を特定するための根拠は明示されてはいない。

　明示されてはいないものの，**この時点で「要件」に対する"見積もり"のイメージが浮かべば，「効果」の他には，「かかる費用と期間に関する情報」を想定できる可能性がある**。あるいは，他の箇所に根拠を求め，直前の節である〔L社業務管理システム〕の表1をもとにしても同様の結論に至る可能性はある。

### 表1　構築プロジェクトと改善プロジェクトの目的及びQCDに対する考え方の違い

| 項目 | 構築プロジェクト | 改善プロジェクト |
|---|---|---|
| 目的 | L 社業務管理システムの構築によって，業務プロセスの抜本的な改革を実現する。 | L 社業務管理システムの改善によって，顧客の体験価値を高め CS 向上の目標を達成する。 |
| 品質 | 正確性と処理性能の向上を重点目標とする。 | 現状の正確性と処理性能を維持した上で，顧客の体験価値を高める。 |
| コスト | 定められた予算内でのプロジェクトの完了を目指す。要件定義完了後は，予算を超過するような要件の追加や変更は原則として禁止とする。 | CSWG の活動予算の一部として予算が制約されている。 |
| 納期 | 業務プロセスの移行タイミングと合わせる必要があったので，リリース時期は必達とする。 | CS 向上が期待できる施策に対応する要件ごとに迅速に開発してリリースする。 |

　項目は，目的，品質，コスト，納期の4つである。4つのうち「目的」「品質」は，すでにCSWGが予測した「CS向上の効果」と考えられる。よって残りは，**「コスト」と「納期」を判断するために必要なる個々の施策に必要な情報は何か？**と考えることで可能である。

> **解答：施策実現に必要なコストと期間に関する情報（20字）**

　この解答は，公表された解答例の内容とほぼ同じであり，得点になると考えてよいだろう。

> **公表された解答例：要求事項の開発に必要な期間とコスト**

　以上のことから，この設問は次のように整理できる。

**■設問2⑴の整理**

| 問題文中のセクション（小見出し） | 設問で指示された箇所 | 根拠が示された箇所 |
|---|---|---|
| 冒頭（全体概要） | | |
| [L社業務管理システム] | | ●<br>（加工が必要） |
| [スコープ定義のマネジメントプロセス] | ● | ● |
| [QCDに関するマネジメントプロセス] | | |

　すでに説明したように本問は解答可能ではあるが，根拠が明示されていないタイプであるため，得点することは簡単でない。よって得点困難な問題と位置づける。

**過 去 問**

　**設問2**　〔スコープ定義のマネジメントプロセス〕について，⑴～⑶に答えよ。
　　⑵　本文中の下線③について，改善プロジェクトはどのような制約を考慮してスコープとする要件を決定するのか。20字以内で述べよ。

設問文は下線部を含むので，**下線③の内容を確認する**。

〔スコープ定義のマネジメントプロセス〕
　　　　　・・・・（省略）・・・・
・改善プロジェクトでは優先度の高い要求事項から順に要件定義を進め，<u>③制約を考慮してスコープとする要件を決定する。</u>

下線③の内容は設問を補う情報を含んでいないことがわかる。
よって，設問文をそのまま解釈する。

直接要求されていることとその解答のイメージは次のようになる。

**要求**＝制約の内容
**解答**＝○○についての制約（例：○○の上限・下限）

　以上の想定をもとに，設問の対象となっている［スコープ定義のマネジメントプロセス］の内容を確認してみる。

> 〔スコープ定義のマネジメントプロセス〕
> 　N課長は，表1から，改善プロジェクトにおけるスコープ定義のマネジメントプロセスを次のように定めた。
> ・CSWGが，施策ごとにCS向上の効果を予測して，改善プロジェクトへの要求事項の一覧を作成する。そして，改善プロジェクトは技術的な実現性及び影響範囲の確認を済ませた上で②全ての要求事項に対してある情報を追加する。改善プロジェクトが追加した情報も踏まえて，CSWGと改善プロジェクトのチームが協議して，CSWGが要求事項の優先度を決定する。
> ・改善プロジェクトでは優先度の高い要求事項から順に要件定義を進め，③制約を考慮してスコープとする要件を決定する。
> ・CSWGが状況の変化に適応して要求事項の一覧を更新した場合，④改善プロジェクトのチームは，直ちにCSWGと協議して，速やかにスコープの変更を検討し，CSWGの目標達成に寄与する。
> 　N課長は，これらの方針をM氏に説明し，了解を得た上でCSWGに伝えてもらい，CS向上の目標達成に向けてお互いに協力することをCSWGと合意した。

　この節には，制約内容を特定するための根拠がないと判断できる。すでに処理した設問(1)と同様，表1を確認してみる。

**表1　構築プロジェクトと改善プロジェクトの目的及びQCDに対する考え方の違い**

| 項目 | 構築プロジェクト | 改善プロジェクト |
|---|---|---|
| 目的 | L 社業務管理システムの構築によって，業務プロセスの抜本的な改革を実現する。 | L 社業務管理システムの改善によって，顧客の体験価値を高め CS 向上の目標を達成する。 |
| 品質 | 正確性と処理性能の向上を重点目標とする。 | 現状の正確性と処理性能を維持した上で，顧客の体験価値を高める。 |
| コスト | 定められた予算内でのプロジェクトの完了を目指す。要件定義完了後は，予算を超過するような要件の追加や変更は原則として禁止とする。 | CSWG の活動予算の一部として予算が制約されている。 |
| 納期 | 業務プロセスの移行タイミングと合わせる必要があったので，リリース時期は必達とする。 | CS 向上が期待できる施策に対応する要件ごとに迅速に開発してリリースする。 |

　網掛け箇所に着目しよう。直接要求されている"制約"という表現がそのまま使用されているので気づきやすいし，使いやすい。

　優先度に従って，どの施策まで行うか＝スコープに含めるかは，予算の上限に達するかどうかで判断するということであろう。念のため"納期"欄も確認してみると，「CS向上が期待できる施策に対応する要件ごとに迅速に開発してリリースする」となっているで，こちらはスコープの制約には当たらないと判断できる。

　以上をもとに解答すると，次のようになる。

---

**解答：予算についての制約**
　　　　**予算の上限額**

---

**公表された解答例：予算の範囲内に収まっていること**

---

　この解答は，公表された解答例の内容とほぼ同じであり，得点になると考えてよいだろう。

　以上のことから，この設問は次のように整理できる。

■設問2⑵の整理

| 問題文中のセクション（小見出し） | 設問で指示された箇所 | 根拠が示された箇所 |
|---|---|---|
| 冒頭（全体概要） | | |
| [L社業務管理システム] | | ●<br>（ほぼそのまま使える） |
| [スコープ定義のマネジメントプロセス] | ● | |
| [QCDに関するマネジメントプロセス] | | |

　根拠の箇所が設問で指示された箇所ではなくその直前の節ではあるが，設問文に示されている表現と同じ表現で根拠が示されている上，ほぼそのまま解答に使用できるので十分得点できる。

過 去 問

**設問2**　〔スコープ定義のマネジメントプロセス〕について，⑴〜⑶に答えよ。

　　　⑶　本文中の下線④について，N課長は，改善プロジェクトが速やかにスコープの変更を検討することによって，CSWGの目標達成にどのようなことで寄与すると考えたのか。30字以内で述べよ

設問文は下線部を含むので，**下線④の内容を確認する。**

〔スコープ定義のマネジメントプロセス〕
　　　　　・・・・（省略）・・・・
・CSWGが状況の変化に適応して要求事項の一覧を更新した場合，④改善プロジェクトのチームは，直ちにCSWGと協議して，速やかにスコープの変更を検討し，CSWGの目標達成に寄与する。

下線④の内容は設問を補う情報を含んでいないことがわかる。
よって，設問文をそのまま解釈する。

直接要求されていることとその解答のイメージは次のようになる。

**要求**＝寄与する内容
**解答**＝○○すること，○○できるようになること

　以上の想定をもとに，設問の対象となっている［スコープ定義のマネジメントプロセス］の内容を確認してみる。

---

〔スコープ定義のマネジメントプロセス〕
　　　　・・・・（省略）・・・・
・CSWGが状況の変化に適応して要求事項の一覧を更新した場合，④改善
プロジェクトのチームは，直ちにCSWGと協議して，速やかにスコープ
の変更を検討し，CSWGの目標達成に寄与する。

---

　網かけ箇所に着目しよう。下線④の内容（速やかにスコープの変更検討すること）は，「CSWGが状況の変化に適応して要求事項の一覧を更新した場合」であることがわかる。ということは，要求事項の一覧を更新した場合に速やかにスコープの変更を検討することとCSWGの目標達成の関係を示す根拠を特定すればよいと判断できる。
　この節にはCSWGの目標に関わる記述はないことが確認できるので，直前の節および冒頭の内容を確認する。「目標」であるから内容的には「冒頭（概要部分）」に示されている可能性が高いことが想定される。

---

冒頭（概要部分）
　　L社は，健康食品の通信販売会社であり，これまでは堅調に事業を拡大
してきたが，近年は他社との競合が激化してきている。L社の経営層は競
争力の強化を図るため，顧客満足度（以下，CSという）の向上を目的と
した活動を全社で実行することにした。この活動を推進するためにCS向

---

上ワーキンググループ（以下，CSWGという）を設置することを決定し，経営企画担当役員のM氏がリーダとなって，本年4月初めからCSWGの活動を開始した。

・・・・(省略)・・・・

なお，M氏から，目標達成には状況の変化に適応して施策を見直し，新たな施策を速やかに展開することが必要なので，改善プロジェクトも要件の変更や追加に迅速かつ柔軟に対応してほしい，との要望があった。

　網掛け箇所に着目しよう。CSWGのリーダは経営企画担当役員のM氏であること，そのM氏が「目標達成には状況の変化に適応して施策を見直し，新たな施策を速やかに展開することが必要なので，改善プロジェクトも要件の変更や追加に迅速かつ柔軟に対応」することを要望していること，が読みとれる。文章が込み入っていてやや把握しにくいが，設問文との関係は次のように整理できる。

**目標達成に必要なこと**＝変化に適応して施策を見直し，新たな施策を速やかに展開すること
**改善プロジェクトに求められること**＝要件の変更や追加に迅速かつ柔軟に対応

　以上のことから，要求一覧の更新が「要件の変更や追加」を意味し，これに速やかに対応することが「迅速かつ柔軟に対応」することに該当すると解釈できる。結果，目標達成の要件を満たすことに寄与するということであろう。ここから解答は以下のように整理できる。

解答：変化に適応して新たな施策を速やかに展開することに寄与すること
　　　変化に適応して施策を見直し，新たな施策を速やかな展開すること

　この内容は公表された解答例とほとんど同じであり得点になると考えられる。

公表された解答例：状況の変化に適応し，新たな施策を速やかに展開すること

　以上のことから，この設問は次のように整理できる。

### ■設問2⑶の整理

| 問題文中のセクション（小見出し） | 設問で指示された箇所 | 根拠が示された箇所 |
|---|---|---|
| 冒頭（全体概要） | | ●<br>（ほぼそのまま使える） |
| ［L社業務管理システム］ | | |
| ［スコープ定義のマネジメントプロセス］ | ● | |
| ［QCDに関するマネジメントプロセス］ | | |

　根拠の箇所が設問で指示された箇所ではなく冒頭の概要部分ではあり，根拠の文章がややわかりにくい構造になってはいるが，ほぼそのまま解答に使用できる。よって，十分得点可能な問題である。

> **過 去 問**
>
> 　**設問3**　〔QCDに関するマネジメントプロセス〕について，⑴～⑶に答えよ。
> 　　⑴　本文中の下線⑤について，N課長はどのようなメンバを選任することにしたのか。30字以内で述べよ。

下線部を含む内容なので，**下線⑤の内容を確認する。**

> 〔QCDに関するマネジメントプロセス〕
> 　N課長は，表1から，改善プロジェクトにおけるQCDに関するマネジメントプロセスを次のように定めた。
> 　　　　　　　　　・・・・（省略）・・・・
> ・一つの要件を実現するために販売管理機能，顧客管理機能及び顧客チャネル機能の全ての改修を同時に実施する可能性がある。迅速に開発して

リリースするには，構築プロジェクトとは異なり，要件ごとのチーム構成とするプロジェクト体制が必要と考え，可能な範囲で⑤この考えに基づいてメンバを選任する。

網掛け箇所に着目してほしい。メンバーは「この考え」を基づいて行われたことが示されている。「この考え」がメンバ選定の基準と判断できる。指示語は下線部の直前の内容を受けているはずであるから，その内容も加えると，設問文は以下のように変換できる。

構築プロジェクトとは異なり，要件ごとのチーム構成とするプロジェクト体制が必要という考えに基づき，N課長はどのようなメンバを選任することにしたのか。

直接要求されていることとその解答のイメージは次のようになる。

**要求**＝メンバの特徴や要件
**解答**＝○○ができる人たち，○○を満たす人たち

以上の想定をもとに，設問の対象となっている［QCDに関するマネジメントプロセス］の内容を確認してみる。

［QCDに関するマネジメントプロセス］
　N課長は，表1から，改善プロジェクトにおけるQCDに関するマネジメントプロセスを次のように定めた。
　　　　　　　・・・・（省略）・・・・
・一つの要件を実現するために販売管理機能，顧客管理機能及び顧客チャネル機能の全ての改修を同時に実施する可能性がある。迅速に開発してリリースするには，構築プロジェクトとは異なり，要件ごとのチーム構成とするプロジェクト体制が必要と考え，可能な範囲で⑤この考えに基づいてメンバを選任する。
　　　　　　　・・・・（省略）・・・・

　網掛け箇所に着目してほしい。「要件ごとのチーム構成」とするためのメンバ選定を行うわけであるが，この「要件」は，「一つの要件を実現するための販売管理機能，顧客管理機能及び顧客チャネル機能の全ての改修を同時に実施する可能性がある」ということである。要件がいくつになるのかは不明であるが，全ての要件ごとに全ての改修が同時に実行できるようなメンバ構成のチームにするということになる。あくまで「チーム」で機能するということであれば，可能性としては次の2つになる。

①　全ての改修に対応できるメンバを揃えている
②　チームとして全ての改修に対応できるメンバ構成になっている

　どちらの方向なのか特定する記述はここにはないので，「メンバ」に関する記述を冒頭の概要から確認してみる。

　「メンバ」に関する記述は〔L社業務管理システム〕の以下の箇所にある。

---

〔L社業務管理システム〕
　現在のL社業務管理システムは，L社業務管理システム構築プロジェクト（以下，構築プロジェクトという）として2年間掛けて構築し，昨年4月にリリースした。
　N課長は，構築プロジェクトでは開発チームのリーダであり，リリース後もリーダとして機能拡張などの保守に従事していて，L社業務管理システム及び業務の全体を良く理解している。L社システム部のメンバも，構築プロジェクトでは機能ごとのチームに分かれて開発を担当したが，リリース後はローテーションしながら機能拡張などの保守を担当してきたので，L社業務管理システム及び業務の全体を理解したメンバが育ってきている。

---

　「L社業務管理システム及び業務の全体を理解したメンバ育ってきている」とある。十分な頭数が揃っているのかどうか微妙な表現であるが，これらのメンバを最優先で選定したのは間違いないと判断してよいだろう。
　以上のことから，解答は次のようにまとめることができる。

> **解答：L社業務管理システム及び業務の全体を理解したメンバ**

この内容は公表された解答例と全く同じであり得点になると考えられる。

> **公表された解答例：L社業務管理システム及び業務の全体を理解したメンバ**

以上のことから，この設問は次のように整理できる。

### ■設問3⑴の整理

| 問題文中のセクション（小見出し） | 設問で指示された箇所 | 根拠が示された箇所 |
|---|---|---|
| 冒頭（全体概要） | | |
| ［L社業務管理システム］ | | ●<br>（ほぼそのまま使える） |
| ［スコープ定義のマネジメントプロセス］ | | |
| ［QCDに関するマネジメントプロセス］ | ● | |

　根拠の箇所が設問で指示された箇所も直前でもないが，「冒頭を含め，前の節（小見出し箇所）に根拠が示されていることがある」ことを前提にした手順であれば，十分に特定可能である。また，ほぼそのまま解答に使用できるので，十分得点可能な問題である。

設問3 〔QCDに関するマネジメントプロセス〕について，(1)~(3)に答え
　　　　よ。
　　(2)　本文中の下線⑥について，N課長が，総合テストで必ずリグレ
　　　　ッションテストを実施して確認する観点とは何か。25字以内で述
　　　　べよ。

設問文は下線部を含むので，**下線⑥の内容を確認する。**

〔QCDに関するマネジメントプロセス〕
　N課長は，表1から，改善プロジェクトにおけるQCDに関するマネジ
メントプロセスを次のように定めた。
　　　　　　　　　　・・・・（省略）・・・・
・リリースの可否を判定する総合テストでは，改善プロジェクトの考え方
　を踏まえて，⑥必ずリグレッションテストを実施し，ある観点で確認を
　行う。

　下線⑥の内容は設問を補う情報を含んでいないことがわかる。
　よって，設問文をそのまま解釈する。「リグレッションテスト」において確認す
るわけであるから，現行（今回のリリース以前）の機能や性能に問題がないかどう
かという観点であることは確かなので，その具体的内容を根拠に基づき特定するこ
とを要求しているものと考えられる。

　直接要求されていることとその解答のイメージは次のようになる。

**要求**＝テストで確認する観点
**解答**＝○○の観点（現行の機能・性能に問題がないかどうか）

　以上の想定をもとに，設問の対象となっている〔QCDに関するマネジメントプロ
セス〕の内容を確認してみる。

〔QCDに関するマネジメントプロセス〕
　N課長は，表1から，改善プロジェクトにおけるQCDに関するマネジメントプロセスを次のように定めた。
　　　　・・・・(省略)・・・・
・リリースの可否を判定する総合テストでは，改善プロジェクトの考え方を踏まえて，⑥必ずリグレッションテストを実施し，ある観点で確認を行う。

　網掛け箇所に着目してほしい。「ある観点」は，「改善プロジェクトの考え方を踏まえて」設定されたものと解釈できる。改善プロジェクトの考え方は，〔L社業務管理システム〕の表1に示されている。

**表1　構築プロジェクトと改善プロジェクトの目的及びQCDに対する考え方の違い**

| 項目 | 構築プロジェクト | 改善プロジェクト |
|---|---|---|
| 目的 | L社業務管理システムの構築によって，業務プロセスの抜本的な改革を実現する。 | L社業務管理システムの改善によって，顧客の体験価値を高めCS向上の目標を達成する。 |
| 品質 | 正確性と処理性能の向上を重点目標とする。 | 現状の正確性と処理性能を維持した上で，顧客の体験価値を高める。 |
| コスト | 定められた予算内でのプロジェクトの完了を目指す。要件定義完了後は，予算を超過するような要件の追加や変更は原則として禁止とする。 | CSWGの活動予算の一部として予算が制約されている。 |
| 納期 | 業務プロセスの移行タイミングと合わせる必要があったので，リリース時期は必達とする。 | CS向上が期待できる施策に対応する要件ごとに迅速に開発してリリースする。 |

　網掛け箇所に着目してほしい。改善プロジェクトの考え方として「現状の正確性と処理性能を維持した上で，顧客の体験価値を高める」とある。この「現状の正確性と処理性能を維持」が「現行の機能・性能に問題がないかどうか」の具体的内容に該当すると判断できる。
　以上のことから，解答は次のようにまとめることができる。

**解答：現状の正確性と処理性能の維持の観点**

この内容は公表された解答例とほとんど同じであり得点になると考えられる。

公表された解答例：現状の正確性と処理性能が維持されていること

以上のことから，この設問は次のように整理できる。

■設問3(2)の整理

| 問題文中のセクション（小見出し） | 設問で指示された箇所 | 根拠が示された箇所 |
|---|---|---|
| 冒頭（全体概要） | | |
| ［L社業務管理システム］ | | ●<br>(ほぼそのまま使える) |
| ［スコープ定義のマネジメントプロセス］ | | |
| ［QCDに関するマネジメントプロセス］ | ● | |

　根拠の箇所が設問で指示された箇所も直前でもないが，根拠が表1に示されていることは容易に判断できる上，ほぼそのまま解答に使用できるので，十分得点可能な問題である。リグレッションテストの知識があればより確実に得点できるが，正確な知識がない場合でも得点可能である。

> **過去問**
>
> **設問3**　〔QCDに関するマネジメントプロセス〕について，(1)～(3)に答えよ。
> 　(3)　本文中の下線⑦について，改善プロジェクトのチームが重点的に分析し評価する効果とは何か。30字以内で述べよ。

設問文は下線部を含むので，**下線⑦の内容を確認する。**

〔QCDに関するマネジメントプロセス〕
　N課長は，表1から，改善プロジェクトにおけるQCDに関するマネジメントプロセスを次のように定めた。
・・・・（省略）・・・・
・システムのリリース後に実施するCS調査のタイミングで，CSWGがCSとリリースした要件の効果を分析し評価する際，⑦改善プロジェクトのチームは特にある効果について重点的に分析し評価してCSWGと共有する。

網掛け箇所に着目してほしい。設問文に内情報として，評価結果を「CSWGと共有する」ことが読みとれる。

下線⑦の内容を補うと，設問3(3)は以下のようになる。

### ＜下線⑦の内容を補った設問3(3)の設問文の例＞

　改善プロジェクトのチームが重点的に分析・評価しCSWGと共有する効果とは何か。

ここから直接要求されていることとその解答のイメージは次のようになる。

**要求**＝分析・評価しCSWGと共有する効果
**解答**＝○○の効果

以上の想定をもとに，設問の対象となっている〔QCDに関するマネジメントプロセス〕の内容を確認してみる。

〔QCDに関するマネジメントプロセス〕

　N課長は，表1から，改善プロジェクトにおけるQCDに関するマネジメントプロセスを次のように定めた。

・・・・（省略）・・・・

・システムのリリース後に実施するCS調査のタイミングで，CSWGがCSとリリースした要件の効果を分析し評価する際，⑦改善プロジェクトのチームは特にある効果について重点的に分析し評価してCSWGと共有する。

　網掛け箇所に着目してほしい。「ある効果」は，「CS調査」と関連することが読みとれる。「CS（顧客満足度）」向上のための改善プロジェクトであるから，プロジェクトの「目的」「目標」の具体的内容を確認したい。〔QCDに関するマネジメントプロセス〕には該当する記述はないが，すでに何度か確認している［L社業務管理システム］の表1に「目的」が示されている。

**表1　構築プロジェクトと改善プロジェクトの目的及びQCDに対する考え方の違い**

| 項目 | 構築プロジェクト | 改善プロジェクト |
|---|---|---|
| 目的 | L社業務管理システムの構築によって，業務プロセスの抜本的な改革を実現する。 | L社業務管理システムの改善によって，顧客の体験価値を高めCS向上の目標を達成する。 |
| 品質 | 正確性と処理性能の向上を重点目標とする。 | 現状の正確性と処理性能を維持した上で，顧客の体験価値を高める。 |
| コスト | 定められた予算内でのプロジェクトの完了を目指す。要件定義完了後は，予算を超過するような要件の追加や変更は原則として禁止とする。 | CSWGの活動予算の一部として予算が制約されている。 |
| 納期 | 業務プロセスの移行タイミングと合わせる必要があったので，リリース時期は必達とする。 | CS向上が期待できる施策に対応する要件ごとに迅速に開発してリリースする。 |

　網掛け箇所に着目してほしい。改善プロジェクトの「目的」として「顧客の体験価値を高めCS向上の目標を達成する」とある。この「顧客の体験価値を高めること」がCS調査と関連して分析・評価する項目と判断できる。

以上のことから，解答は次のようにまとめることができる。

---

解答：顧客の体験価値の向上効果
　　　CS向上に結びつく顧客の体験価値向上効果

---

この内容は公表された解答例とほぼ同じであり得点になると考えられる。

---

公表された解答例：リリースした要件による顧客の体験価値向上の度合い

---

以上のことから，この設問は次のように整理できる。

■設問3⑶の整理

| 問題文中のセクション（小見出し） | 設問で指示された箇所 | 根拠が示された箇所 |
|---|---|---|
| 冒頭（全体概要） | | |
| ［L社業務管理システム］ | | ●<br>（ほぼそのまま使える） |
| ［スコープ定義のマネジメントプロセス］ | | |
| ［QCDに関するマネジメントプロセス］ | ● | |

　根拠の箇所が設問で指示された箇所も直前でもないが，直前の問題と同じ表1に根拠が示されている上，ほぼそのまま解答に使用できるので，十分得点可能な問題である。

　以上で問2のすべての設問の検討は終了である。結果的に少なくとも7問中5問得点可能であり，目標達成である。

> **まとめ**
>
> 　本問は設問すべてが特定の下線の指示を含むものである。そのため下線内容の確認の手間が増え，作業的な複雑さが高まるが，結果的7問中（少なくとも）5問は得点できる。**設問文の読み取り（解釈）時点で下線内容の確認をし，その内容を反映して設問要求を適切にとらえる手順をぜひ実践してほしい。**

■ **令和4年度　問1　ECサイトへのAIボット導入プロジェクト** ─────

　最後に確認する問題は，設問が特定の下線の指示を含むもの，特定の空欄箇所の指示を含むもの，特定の表（全体）の指示を含むもの，およびそれらの指示がないものと多様な設問から構成されている。混在している分対応は難しい。以下の具体的対応例をもとにその手順を理解しよう。なお，この問題の解答箇所は8つであるから，目標は8問中5問（62.5％＞6割）で得点することである。

┏━━━┓
┃ **過 去 問** ┃
┗━━━┛

┌─────────────────────────────────────┐
│ **設問1**　〔AIボットの機能と導入方法〕の本文中の下線①について，N課 │
│ 　　　　長が第1次開発においてこのような開発対象や開発方法としたの │
│ 　　　　は，M社のどのようなリスクを軽減するためか。35字以内で答えよ。 │
└─────────────────────────────────────┘

設問文は下線部を含むので，**下線①の内容を確認する。**

┌─────────────────────────────────────┐
│ 〔AIボットの機能と導入方法〕 │
│ 　プロジェクトマネージャ（PM）である情報システム部のN課長は，導 │
│ 入プロジェクトの方針に沿い，次に示す特長を有するR社のAIボットを │
│ 選定し，役員会で承認を得た。・・・・（省略）・・・・ │
│ │
│ 　N課長は①あるリスクを軽減すること，及び商品企画・販売活動に反映 │
│ するための詳細な対応履歴を蓄積する必要があることから，次の2段階で │
│ 開発することにした。 │
│ 　・第1次開発：Webからの問合せにAIボットで回答し，顧客の選択に │
│ 　　応じて有人チャットに切り替えるというUX改善のための機能を対象 │
│ 　　とする。画面・機能はパラメータ設定の変更だけで実現できる範囲で │
│ 　　最適化を図る。2か月後に運用開始する。 │
└─────────────────────────────────────┘

下線①の内容は，設問文以上の情報を含んでいないのでそのまま解釈する。

設問で直接要求していることとその解答のイメージは次のようになる。

**要求**＝軽減しようとしたリスク
**解答**＝○○のリスク

　内容的な制約は，「第1次開発の開発対象や開発方法」である。「このような」と指示語で示されているので，まずこの内容を確認したい。第1次開発については，下線を含む文章の直後にある。

---

〔AIボットの機能と導入方法〕

・・・・（省略）・・・・

　N課長は①あるリスクを軽減すること，及び商品企画・販売活動に反映するための詳細な対応履歴を蓄積する必要があることから，次の2段階で開発することにした。
・第1次開発：Webからの問合せにAIボットで回答し，顧客の選択に応じて有人チャットに切り替えるというUX改善のための機能を対象とする。画面・機能はパラメータ設定の変更だけで実現できる範囲で最適化を図る。2か月後に運用開始する。

---

　網掛け箇所に着目しよう。ここから「開発対象」と「開発方法」は，次のように特定できる。

**開発対象**：UX改善のための機能
**開発方法**：画面・機能はパラメータ設定の変更だけで実現できる範囲で最適化
　　　　　2か月後に運用開始

　ここからは，リスクに直結する内容は読み取れない。第1次開発においては，「とにかく2ヶ月後にUX改善のための機能をリリースする（利用可能にする）」ということが，どのようなリスク軽減につながるのか，という着眼点になる。こうなると当プロジェクトの目的，目標，位置づけといったことの確認が必要になる。それらは〔AIボットの機能と導入方法〕内の記述からは読み取れない。よって，それ以

前の内容を確認する。内容的に考えて，「概要」部分に記述されている可能性が高いと思われる。

---

［概要］

・・・・（省略）・・・・

　早急に顧客の不満を解消するためには，2か月後のクリスマスギフト商戦までにAIボットを運用開始することが必達である。M社は，短期間で導入するために，SaaSで提供されているAIボットを導入すること，AIボットの標準画面・機能をパラメータ設定の変更によって自社に最適な画面・機能とすること，及びAIボットの拡張機能はAPIを使って実現することを，導入プロジェクトの方針とした。

---

　網掛け箇所に着目しよう。当プロジェクトの目的と必達の項目である。さらにその直後にはすでに確認した開発対象や方法に関連する内容も読み取れる。この必達項目が達成できないことが最大のリスクと考えられる。よって，解答は次のようになる。

---

**解答：クリスマスギフト商戦までにAIボットの運用開始ができないリスク**

**（31字）**

---

この解答内容は，公表された解答例から見て得点になると考えてよいだろう。

---

**公表された解答例：AIボットの運用開始がクリスマスギフト商戦に遅れるリスク**

---

以上のことから，この設問は次のように整理できる。

■設問1の整理

| 問題文中のセクション（小見出し） | 設問で指示された箇所 | 根拠が示された箇所 |
|---|---|---|
| 冒頭（全体概要） | | ●（ほぼそのまま使える） |
| [AIボットの機能と導入方法] | ● | ● |
| [第1次開発の進め方の検討] | | |
| [第2次開発の進め方の検討] | | |

　本問は，根拠の箇所が設問で指示された箇所ではなく冒頭の概要部分ではあるが，内容的にほぼそのまま解答に使用できるので十分得点できる。


**過去問**

　**設問2**　〔第1次開発の進め方の検討〕について答えよ。
　　　(1)　本文中の下線②について，N課長は標準画面・機能のプロトタイピングで，CC管理職のどのような理解を深めることを狙ったのか。30字以内で答えよ。

設問文は下線部を含むので，**下線②の内容を確認する。**

〔第1次開発の進め方の検討〕
　M社コールセンター管理職社員（以下，CC管理職という）は要件を確定する役割を担うが，顧客がどのようにAIボットを使うのか，オペレーターの運用がどのように変わるのかについてのイメージをもてていない。
　N課長は，要件定義では，R社提供の標準FAQを用いて標準画面・機能でプロトタイピングを行い，CC管理職の②ある理解を深めた上でCC管理職の要求を収集し，画面・機能の動作の大枠を要件として定義することにした。

下線②の内容は，設問文以上の情報を含んでいないのでそのまま解釈する。

設問で直接要求していることとその解答のイメージは次のようになる。

**要求**＝求めた理解の内容
**解答**＝○○の理解

以上の想定をもとに，設問の対象となっている［第１次開発の進め方と検討］の
内容を確認してみる。

---

〔第１次開発の進め方の検討〕
　　M社コールセンター管理職社員（以下，CC管理職という）は要件を確
定する役割を担うが，顧客がどのようにAIボットを使うのか，オペレー
ターの運用がどのように変わるのかについてのイメージをもてていない。
　　N課長は，要件定義では，R社提供の標準FAQを用いて標準画面・機
能でプロトタイピングを行い，CC管理職の②ある理解を深めた上でCC管
理職の要求を収集し，画面・機能の動作の大枠を要件として定義すること
にした。
　　　　　　　　　　・・・・（省略）・・・・

---

網掛け箇所に着目しよう。CC管理職は「顧客がどのようにAIボットを使うのか，
オペレーターの運用がどのように変わるのか」についてのイメージをもてていない
ということは，理解していなくてはいけないのに理解できていないと解釈してよい
だろう。

ここから解答を作成すると次のようになる。

---

**解答：顧客がどのようにAIボットを使うのか，オペレーターの運用がどのよう
　　　　に変わるのかについての理解**

---

これだと設問要求である30字以内を満たすことができない。また，内容的に２
つのことを含んでいるので検討が必要である。取り得る手段としては次の２つであ
る。

１）どちらか一方を選択する

2）表現を加工し30字以内で編集する

　まず1）を選択した場合，CC（コールセンター）管理職としての優先度に基づいてどちらか一方を選ぶことになる。決め手に欠けるがコールセンターの管理職としてはオペレーターの運用を優先すると考えることができる。その場合，解答は以下のようになる。

> **解答①：オペレーターの運用がどのように変わるかについての理解（26字）**

　一方，2）を選択した場合の解答は，たとえば以下のようになる。

> **解答②：顧客のAIボット利用方法，オペレーターの運用の変更についての理解**
> **（32字）**

　公表された解答例から見て，どちらの選択をしても得点になったと思われる。さらに，1）を選択して「顧客のAIボット利用方法」のほうで解答したとしても得点になったであろう。

> **公表された解答例：AIボット導入によるコールセンター業務の実施イメージ**
> **顧客がどのようにAIボットを使うのかのイメージ**

　以上のことから，この設問は次のように整理できる。

■**設問2⑴の整理**

| 問題文中のセクション（小見出し） | 設問で指示された箇所 | 根拠が示された箇所 |
|---|---|---|
| 冒頭（全体概要） | | |
| ［AIボットの機能と導入方法］ | | |
| ［第1次開発の進め方の検討］ | ● | ●（ほぼそのまま使える） |
| ［第2次開発の進め方の検討］ | | |

　本問は，根拠の箇所が設問で指示された箇所にあり，しかも，内容的にほぼその

まま解答に使用できるが，解答の編集にあたって選択が必要になるので迷ってしまう可能性があり対応は簡単ではない。しかし，公表された解答例は内容が異なる2つをどちらも正解としているので，得点可能な設問と位置つけてよいだろう。

**過 去 問**

**設問2**　〔第1次開発の進め方の検討〕について答えよ。

　　(2)　本文中の下線③について，N課長は何を確認したのか。20字以内で答えよ。

設問文は下線部を含むので，**下線③の内容を確認する。**

〔第1次開発の進め方の検討〕

　M社コールセンター管理職社員（以下，CC管理職という）は要件を確定する役割を担うが，顧客がどのようにAIボットを使うのか，オペレーターの運用がどのように変わるのかについてのイメージをもてていない。

　N課長は，要件定義では，R社提供の標準FAQを用いて標準画面・機能でプロトタイピングを行い，CC管理職の②ある理解を深めた上でCC管理職の要求を収集し，画面・機能の動作の大枠を要件として定義することにした。受入テストではM社の最新のFAQと実運用時に想定される多数の問合せデータを用い，要件の実装状況，問合せへの対応迅速化の状況，及び③あることを確認する。・・・・（省略）・・・・

　下線③の内容は設問を補う情報を含んでいないことがわかる。よって，設問文をそのまま解釈する。

　直接要求されていることとその解答のイメージは次のようになる。

**要求**＝確認した内容
**解答**＝○○についての確認

以上の想定をもとに，設問の対象となっている［第1次開発の進め方の検討］の
内容を確認してみる。

［第1次開発の進め方の検討］
　M社コールセンター管理職社員（以下，CC管理職という）は要件を確
定する役割を担うが，顧客がどのようにAIボットを使うのか，オペレー
ターの運用がどのように変わるのかについてのイメージをもてていない。
　N課長は，要件定義では，R社提供の標準FAQを用いて標準画面・機
能でプロトタイピングを行い，CC管理職の②ある理解を深めた上でCC管
理職の要求を収集し，画面・機能の動作の大枠を要件として定義すること
にした。受入テストではM社の最新のFAQと実運用時に想定される多数
の問合せデータを用い，要件の実装状況，問合せへの対応迅速化の状況，
及び③あることを確認する。・・・・（省略）・・・・

網掛け箇所に着目しよう。N課長の確認については次のように整理できる。

**確認のタイミング**：受入テストにおいて確認すること
**確認内容**：M社の最新のFAQと実運用時に想定される多数の問合せデータを用いる
　　　　ことで確認できること
**制約**：要件の実装状況，問合せへの対応迅速化の状況以外のこと

　以上のような整理はできるものの，解答（確認内容）を特定する情報は含んでい
ない。また，この小見出し内の他の記述からも情報を得ることができない。よって
この小見出し以前の記述を確認していく。
　受入テストにおける確認項目（内容）であり，「M社の最新のFAQと実運用時に
想定される多数の問合せデータを用いることで確認できること」であるという理解
があれば，以下の網掛け箇所に気づくことできるだろう。

〔AIボットの機能と導入方法〕
　プロジェクトマネージャ（PM）である情報システム部のN課長は，導入プロジェクトの方針に沿い，次に示す特長を有するR社のAIボットを選定し，役員会で承認を得た。
(1)　機能に関する特長
　　・問合せには，AIボットが顧客と対話してFAQから回答を提示する。AIボットはこれらの履歴及び回答にたどり着くまでの時間を対応履歴として自動記録する。
　　・AIボットは，問合せ情報などのデータを用いてFAQを自動更新するとともに，これらのデータを機械学習して分析することで，より類似性の高い質問や回答の提示が可能になるので，問合せへの対応の迅速化と回答品質の継続的な向上が図れる。

　この内容から解答を考えることになる。ここで解答の制約である「要件の実装状況，問合せへの対応迅速化の状況以外のこと」を考慮すると，「回答品質の継続的な向上」になる可能性が高い。

**解答：回答品質の継続的な向上の状況（14字）**

　この解答は公表された解答例から見て，加点されない可能性が高いと考えられる。なお，公表された解答例にある「より類似性が高い質問や回答の提示状況」は，「問合せ対応の迅速化と回答品質の継続的な向上」の〝原因〟として示されているので，解答しにくい。

**公表された解答例：より類似性の高い質問や回答の提示状況**

　以上のことから，この設問は次のように整理できる。

### ■設問2⑵の整理

| 問題文中のセクション（小見出し） | 設問で指示された箇所 | 根拠が示された箇所 |
|---|---|---|
| 冒頭（全体概要） | | |
| ［AIボットの機能と導入方法］ | | ●<br>(ほぼそのまま使える) |
| ［第1次開発の進め方の検討］ | ● | ● |
| ［第2次開発の進め方の検討］ | | |

　まず解答内容を特定する決定的な根拠は，結果的に直前の小見出しにあるが明確な着眼点を持って探さないと特定することが難しい。さらに，解答の制約を考慮した場合，解答例にある内容を解答することは難しいと思われる。よって本問は得点困難な問題と位置付ける。

> **過去問**
>
> **設問2**　〔第1次開発の進め方の検討〕について答えよ。
> 　　　⑶　N課長は，要件定義時には収集できなかったCC管理職のどのような要求を受入テストで追加収集できると考えたのか。20字以内で答えよ。

　本問は，特定の図表や下線の指示を含んでいないので，設問文をそのまま解釈する。

　直接要求されていることとその解答のイメージは次のようになる。

**要求**＝CC管理職から追加収集する要求内容
**解答**＝○○の内容

　以上の想定をもとに，設問の対象となっている［第1次開発の進め方の検討］の内容を確認してみる。

〔第1次開発の進め方の検討〕
　M社コールセンター管理職社員（以下，CC管理職という）は要件を確定する役割を担うが，顧客がどのようにAIボットを使うのか，オペレーターの運用がどのように変わるのかについてのイメージをもてていない。
　N課長は，要件定義では，R社提供の標準FAQを用いて標準画面・機能でプロトタイピングを行い，CC管理職の②ある理解を深めた上でCC管理職の要求を収集し，画面・機能の動作の大枠を要件として定義することにした。・・・・（省略）・・・・

　網掛け箇所に着目しよう。「CC管理職の要求収集」という観点で，「要件定義」時には「R社提供の標準FAQを用いて標準画面・機能でプロトタイピング」を行ったものにより要求収集していることが読み取れる。設問要求は，受入テスト時に「追加収集」した要件であるから，「要件定義時と受入テスト時の環境的な差」が特定できれば，それが解答の根拠になると判断できる。

〔第1次開発の進め方の検討〕
　M社コールセンター管理職社員（以下，CC管理職という）は要件を確定する役割を担うが，顧客がどのようにAIボットを使うのか，オペレーターの運用がどのように変わるのかについてのイメージをもてていない。
　N課長は，要件定義では，R社提供の標準FAQを用いて標準画面・機能でプロトタイピングを行い，CC管理職の②ある理解を深めた上でCC管理職の要求を収集し，画面・機能の動作の大枠を要件として定義することにした。受入テストではM社の最新のFAQと実運用時に想定される多数の問合せデータを用い，要件の実装状況，問合せへの対応迅速化の状況，及び③あることを確認する。・・・・（省略）・・・・

　網掛け箇所に着目しよう。受入テストは，「M社の最新のFAQと実運用時に想定される多数の問合せデータを用いて」行われることがわかる。あくまで「標準」を用いたプロトタイプベースと「M社の実際のデータ」という対比が想定される。
　以上のことから，解答をまとめると次のようになる。

> **解答：M社の実運用時のデータに基づく要求（17字）**

　一方，公表された解答例は，次のような内容であり，得点になる可能性は低いと考えらえる。

> **公表された解答例：FAQの自動更新に関わる要求**

　ちなみに，公表された解答例の内容は，以下の根拠を使用することで可能となる。

〔AIボットの機能と導入方法〕
　プロジェクトマネージャ（PM）である情報システム部のN課長は，導入プロジェクトの方針に沿い，次に示す特長を有するR社のAIボットを選定し，役員会で承認を得た。
(1)　機能に関する特長
　・問合せには，AIボットが顧客と対話してFAQから回答を提示する。AIボットはこれらの履歴及び回答にたどり着くまでの時間を対応履歴として自動記録する。
　・AIボットは，問合せ情報などのデータを用いてFAQを自動更新するとともに，これらのデータを機械学習して分析することで，・・・・（省略）・・・・

　網掛け箇所に着目しよう。出題者はここから，要件定義時ではできなかった「自動更新」が受入テスト時には可能になるので，この自動更新に関する要件を期待していたということになる。自動更新やその後の「機械学習」に対してユーザが要件を出すことができるという根拠がなく，この解答は困難だと思われる。

　以上のことから，この設問は次のように整理できる。

## ■設問2(3)の整理

| 問題文中のセクション（小見出し） | 設問で指示された箇所 | 根拠が示された箇所 |
|---|---|---|
| 冒頭（全体概要） | | |
| [AIボットの機能と導入方法] | | ●<br>（加工が必要） |
| [第1次開発の進め方の検討] | ● | ● |
| [第2次開発の進め方の検討] | | |

　本問は下線も図表も含まず，解答の根拠と思われる箇所を特定し解答としてまとめる手間も少ないが，その結果は出題者の意図（公表された解答例）と異なっており，得点するのは困難な問題に位置付けられる。

---

過 去 問

**設問2**　〔第1次開発の進め方の検討〕について答えよ。
　　(4)　本文中の　　　　a　　　　に入れる適切な字句を，25字以内で答えよ。

---

　設問文は特定の空欄箇所を含むので，**空欄aの場所とそれを含む文章内容を確認する**。

---

〔第1次開発の進め方の検討〕
　M社コールセンター管理職社員（以下，CC管理職という）は要件を確定する役割を担うが，顧客がどのようにAIボットを使うのか，オペレーターの運用がどのように変わるのかについてのイメージをもてていない。
　N課長は，要件定義では，R社提供の標準FAQを用いて標準画面・機能でプロトタイピングを行い，CC管理職の②ある理解を深めた上でCC管理職の要求を収集し，画面・機能の動作の大枠を要件として定義すること

---

にした。受入テストではM社の最新のFAQと実運用時に想定される多数の問合せデータを用い，要件の実装状況，問合せへの対応迅速化の状況，及び③あることを確認する。同時に，要件定義時には収集できなかったCC管理職の要求を追加収集する。また，受入テストの期間を十分に確保し，追加収集した要求についても，次に示す基準を満たす要求は受入テストの期間中に対応して第1次開発に取り込み，2か月後の運用開始を必達とする条件は変えずにUX改善の早期化を図ることにした。

・ a

・問合せへの対応が迅速になる，又は回答品質が向上する。

　空欄 a は文章の一部ではないので，得られる情報はない。直後の文章から，実現する要件，テスト確認内容といったことが想定される。

　設問で直接要求していることとその解答のイメージは次のようになる。

**要求**＝要件や確認の内容
**解答**＝○○であること

　以上の想定をもとに，設問の対象となっている［第1次開発の進め方と検討］の内容を確認してみる。

〔第1次開発の進め方の検討〕
　M社コールセンター管理職社員（以下，CC管理職という）は要件を確定する役割を担うが，顧客がどのようにAIボットを使うのか，オペレーターの運用がどのように変わるのかについてのイメージをもてていない。
　N課長は，要件定義では，R社提供の標準FAQを用いて標準画面・機能でプロトタイピングを行い，CC管理職の②ある理解を深めた上でCC管理職の要求を収集し，画面・機能の動作の大枠を要件として定義することにした。受入テストではM社の最新のFAQと実運用時に想定される多数の問合せデータを用い，要件の実装状況，問合せへの対応迅速化の状況，

及び③あることを確認する。同時に，要件定義時には収集できなかった
CC管理職の要求を追加収集する。また，受入テストの期間を十分に確保し，
追加収集した要求についても，次に示す基準を満たす要求は受入テストの
期間中に対応して第1次開発に取り込み，2か月後の運用開始を必達とす
る条件は変えずにUX改善の早期化を図ることにした。

・ 　　　　a

・問合せへの対応が迅速になる，又は回答品質が向上する。

　網掛け箇所に着目しよう。空欄　　　a　　　は「基準」であり，直後の基準も
含めこの2つの基準を満たす要求は「第1次開発に取り込む」という内容である。
ということはこの2つの基準は「第1次開発の達成要件」と考えてよい。また，要
件定義時ではなく受入テスト時に追加収集した要求を「2か月後の運用開始を必達
とする条件を変えずに」行うわけであるから，開発を伴うものではないだろうとい
う想定になる。これらに関連する内容はこの小見出しの直前の内容に含まれていた。

〔AIボットの機能と導入方法〕
・・・・（省略）・・・・

(1)　機能に関する特長
　　・問合せには，AIボットが顧客と対話してFAQから回答を提示する。
　　　AIボットはこれらの履歴及び回答にたどり着くまでの時間を対応履
　　　歴として自動記録する。
　　・AIボットは，問合せ情報などのデータを用いてFAQを自動更新する
　　　とともに，これらのデータを機械学習して分析することで，より類似
　　　性の高い質問や回答の提示が可能になるので，問合せへの対応の迅速
　　　化と回答品質の継続的な向上が図れる。
・・・・（省略）・・・・

(2)　導入方法に関する特長
　　・M社の要求に合わせた画面・機能の細かい動作の大部分が，標準画
　　面・機能へのパラメータ設定の変更によって実現できる。

　網掛け箇所に着目しよう。空欄　　　a　　　の直後の要件は，(1)機能に関する

特長であり「UX改善」実現の中核となる要件（テスト基準）と考えられる。よって，もう一つは(2)導入方法に関する特長である「標準画面・機能へのパラメータ設定の変更によって実現できる」になるはずである。そうでないとスケジュールを維持できなくなってしまう。ここから空欄　　a　　の内容は，次のようにまとめることができる。

> **解答：標準画面・機能へのパラメータ設定変更により実現可能（25字）**

　この解答は，公表された解答例の内容とほぼ同じであり，得点になると考えてよいだろう。

> **公表された解答例：パラメータの設定だけで実現できる**

　以上のことから，この設問は次のように整理できる。

### ■設問2(4)の整理

| 問題文中のセクション（小見出し） | 設問で指示された箇所 | 根拠が示された箇所 |
|---|---|---|
| 冒頭（全体概要） | | |
| [AIボットの機能と導入方法] | | ●（ほぼそのまま使える） |
| [第1次開発の進め方の検討] | ● | ● |
| [第2次開発の進め方の検討] | | |

　本問は，根拠の箇所が設問で指示された箇所ではなく直前の小見出し箇所にあるが，すでにここまでの問題処理において確認したところでもあり，ほぼそのまま解答に使用できるので，十分得点可能な設問と位置つけてよいだろう。

**過去問**

設問3　〔第2次開発の進め方の検討〕の表1について答えよ。
　　(1)　N課長は，No.2について対応有無を判断するために具体的に
　　　　どのような評価を行ったのか。30字以内で答えよ。

　設問3はそのリード文において「表1」と特定の表1を指定している。さらに，この(1)では，そのうちのNo.2を指定しているので，まず表1のNo.2の内容を確認する。

表1　マーケティング部署の機能に対する要求と機能が創出する成果

| No. | 機能に対する要求 | 機能が創出する成果 | API |
|---|---|---|---|
| 1 | 詳細な対応履歴と問合せ者の顧客情報・購買履歴に基づく推奨ギフトの提案 | 顧客が自身の好みに沿ったギフトを簡単に購入できる。 | 有り |
| 2 | 顧客情報・購買履歴と商品企画・販売活動の統合分析 | M社が顧客の真のニーズを踏まえたギフトを企画，販売できる。 | 無し |
| 3 | AIを活用した市場トレンド・詳細な対応履歴などのデータ分析による最適なSNSへの広告出稿 | 顧客の関心が高いギフトの広告をSNSに表示できる。 | 無し |

　網掛け箇所に着目しよう。この内容を補って設問を修正すると次のようになる。

　　(1)　N課長は，「M社が顧客の真のニーズを踏まえたギフトの企画，販売
　　　　ができる」成果創出を期待して要求されている「顧客情報・購買履歴と
　　　　商品企画・販売活動の統合分析」機能に対し，その対応有無を判断する
　　　　ために具体的にどのような評価を行ったか。30字以内で答えよ。

　直接要求されていることとその解答のイメージは次のようになる。

**要求**＝実施した具体的な評価
**解答**＝○○の評価

　以上の想定をもとに，設問の対象となっている〔第2次開発の進め方の検討〕の内容を確認してみる。

〔第2次開発の進め方の検討〕

　第2次開発の対応範囲を定義するために，マーケティング部署にヒアリングし，表1に示す機能に対する要求とその機能が創出する成果を特定し，要求に対応する機能拡張APIをAIボットが具備しているか確認した。

表1　マーケティング部署の機能に対する要求と機能が創出する成果

| No. | 機能に対する要求 | 機能が創出する成果 | API |
|---|---|---|---|
| 1 | 詳細な対応履歴と問合せ者の顧客情報・購買履歴に基づく推奨ギフトの提案 | 顧客が自身の好みに沿ったギフトを簡単に購入できる。 | 有り |
| 2 | 顧客情報・購買履歴と商品企画・販売活動の統合分析 | M社が顧客の真のニーズを踏まえたギフトを企画，販売できる。 | 無し |
| 3 | AIを活用した市場トレンド・詳細な対応履歴などのデータ分析による最適なSNSへの広告出稿 | 顧客の関心が高いギフトの広告をSNSに表示できる。 | 無し |

　No.1については，AIボットの機能拡張を前提に，ECソフトウェアパッケージの運用チームに相談してより具体的な要求を詳細化することにした。No.2については，マーケティング支援ソフトウェアパッケージの機能拡張の工数見積りに加えて，ある評価を行って対応有無を判断することにした。No.3は対応しないことにした。ただし，導入プロジェクト終了時には，業務におけるAI活用のノウハウを取りまとめ，今後のNo.3などの検討に向けて現状を改善するために活用することにした。

　解答内容を特定するための情報は示されていないことが確認できる．そこで本文の対象となっている第2次開発に関する他の小見出しの記述を確認する。

〔AIボットの機能と導入方法〕

　　　　　　・・・・（省略）・・・・

(2)　導入方法に関する特長

　　　　　　・・・・（省略）・・・・

・第2次開発：把握，分析した顧客の詳細な情報を反映した商品企画・販売活動を行うというUX改善のための機能を対象とする。AIボットの機能拡張はAPIを使って実現することを方針とする。APIを使って実現できない機能は，次に示す二つの基準を用いて評価を行い，対応

> すると判断した場合，M社内のシステムの機能拡張を行う。
> （ⅰ）実現する機能が目的とするUX改善に合致しているか
> （ⅱ）実現する機能が創出する成果が十分か
> 次のギフト商戦を考慮して，9か月後の運用開始を目標とする。

　網掛け箇所に着目しよう。表1からNo.2は「APIを使って実現できない機能」に該当することが読み取れるので，これらの2つの基準を用いて評価を行い，対応するかどうかの判断を行うと示されている。ここから解答は2つのうちのどちらかであると想定できる。No.2の機能の説明は具体性に欠けるが，成果の内容はUX改善と関係すると考えてよいだろう。そうすると，この創出する成果が期待通り実現できるのであれば，機能的にUX改善に合致すると判断できるだろう。つまり，成果が確認できれば，機能の妥当性も確認できることになる。ここから，以下のような解答をまとめることができる。

---

**解答：顧客の真のニーズを踏まえたギフトの企画，販売ができること　（28字）**

---

　この内容は公表された解答例とほとんど同じであり得点になると考えられる。

---

**公表された解答例：顧客の真のニーズを踏まえたギフトを販売できるかどうか**

---

　以上のことから，この設問は次のように整理できる。

■設問3⑴の整理

| 問題文中のセクション（小見出し） | 設問で指示された箇所 | 根拠が示された箇所 |
|---|:---:|:---:|
| 冒頭（全体概要） | | |
| [AIボットの機能と導入方法] | | ● |
| [第1次開発の進め方の検討] | | |
| [第2次開発の進め方の検討] | ● | ●（ほぼそのまま使える） |

　根拠の箇所が複数箇所になり，そのうちのひとつは直前ではなくさらに前の小見出し箇所になるが，解答は設問で指示された表内の記述をほぼそのまま使えるので，得点できる見込みは高いと判断してよいだろう。よって本問は十分得点可能な問題と位置づける。

　　過 去 問

**設問3**　〔第2次開発の進め方の検討〕の表1について答えよ。
　　　⑵　N課長が，No.3は対応しないと判断した理由を30字以内で答えよ。

　⑴と同様，⑵は表1のNo.3を指定しているので，まず表1のNo.3の内容を確認する。

表1　マーケティング部署の機能に対する要求と機能が創出する成果

| No. | 機能に対する要求 | 機能が創出する成果 | API |
|:---:|---|---|:---:|
| 1 | 詳細な対応履歴と問合せ者の顧客情報・購買履歴に基づく推奨ギフトの提案 | 顧客が自身の好みに沿ったギフトを簡単に購入できる。 | 有り |
| 2 | 顧客情報・購買履歴と商品企画・販売活動の統合分析 | M社が顧客の真のニーズを踏まえたギフトを企画，販売できる。 | 無し |
| 3 | AIを活用した市場トレンド・詳細な対応履歴などのデータ分析による最適なSNSへの広告出稿 | 顧客の関心が高いギフトの広告をSNSに表示できる。 | 無し |

網掛け箇所に着目しよう。この内容を補って設問を修正すると次のようになる。

(2)　N課長は，「顧客の関心が高いギフトの広告をSNSに表示できる」成
　　果創出を期待して要求されている「AIを活用した市場トレンド・詳細
　　な対応履歴などのデータ分析による最適なSNSへの広告出稿」機能は対
　　応しないと判断した理由を30字以内で答えよ。

直接要求されていることとその解答のイメージは次のようになる。

**要求**＝対応しないと判断した理由
**解答**＝○○であるから

　以上の想定をもとに，設問の対象となっている［第2次開発の進め方の検討］の
内容を確認してみる。

〔第2次開発の進め方の検討〕
　　第2次開発の対応範囲を定義するために，マーケティング部署にヒアリ
ングし，表1に示す機能に対する要求とその機能が創出する成果を特定し，
要求に対応する機能拡張APIをAIボットが具備しているか確認した。

表1　マーケティング部署の機能に対する要求と機能が創出する成果

| No. | 機能に対する要求 | 機能が創出する成果 | API |
|---|---|---|---|
| 1 | 詳細な対応履歴と問合せ者の顧客情報・購買履歴に基づく推奨ギフトの提案 | 顧客が自身の好みに沿ったギフトを簡単に購入できる。 | 有り |
| 2 | 顧客情報・購買履歴と商品企画・販売活動の統合分析 | M社が顧客の真のニーズを踏まえたギフトを企画，販売できる。 | 無し |
| 3 | AIを活用した市場トレンド・詳細な対応履歴などのデータ分析による最適なSNSへの広告出稿 | 顧客の関心が高いギフトの広告をSNSに表示できる。 | 無し |

　No.1については，AIボットの機能拡張を前提に，ECソフトウェアパッ
ケージの運用チームに相談してより具体的な要求を詳細化することにし
た。No.2については，マーケティング支援ソフトウェアパッケージの機
能拡張の工数見積りに加えて，ある評価を行って対応有無を判断すること
にした。No.3は対応しないことにした。ただし，導入プロジェクト終了
時には，業務におけるAI活用のノウハウを取りまとめ，今後のNo.3など
の検討に向けて現状を改善するために活用することにした。

　網掛け箇所に着目しよう。No.3については第2次開発では「対応はしない」が，「導入プロジェクト終了時には，業務におけるAI活用のノウハウを取りまとめ・・・」と「その後」の検討を行うことがわかる。ここから，このプロジェクトの位置付けやその後についての記述は，この小見出し箇所にはないので，まず冒頭の概要から確認してみる。

---

［冒頭の概要部分］

・・・・(省略)・・・・

　また，導入プロジェクトの終了後即座に，マーケティング部署が中心となりデジルマーケティング戦略も立案することにした。戦略立案後は，更なるUX改善を図るマーケティング業務を実施することを目指す。そのために，導入プロジェクト終了時には，業務におけるAI活用のノウハウをまとめることにした。実践的なノウハウを蓄積することで，デジタルマーケティング戦略に沿って，様々なマーケティング業務でAIを活用したデータ分析などを行うことを可能とする。

---

　網掛け箇所に着目しよう。「導入プロジェクト直後」は「即座に」デジタルマーケティング戦略を立案することになっている。そのために「AI活用のノウハウをまとめる」，そして，「AIを活用したデータ分析」は，「デジタルマーケティング戦略に沿って」行う方針が示されている。ここから，解答は以下のようにまとめることができる。

---

**解答：デジタルマーケティング戦略の立案を先行して行うから（25字）**

---

　この内容は公表された解答例とほとんど同じであり得点になると考えられる。

---

**公表された解答例：デジタルマーケティング戦略の立案を先にすべきだから**

---

　以上のことから，この設問は次のように整理できる。

## ■設問３⑵の整理

| 問題文中のセクション（小見出し） | 設問で指示された箇所 | 根拠が示された箇所 |
|---|---|---|
| 冒頭（全体概要） | | ●（ほぼそのまま使える） |
| ［AIボットの機能と導入方法］ | | |
| ［第１次開発の進め方の検討］ | | |
| ［第２次開発の進め方の検討］ | ● | ● |

　根拠の箇所が冒頭の概要部分になるが，表１との関連が読み取りやすく，またほぼそのまま解答に使用できるので，十分得点可能な問題と位置づけられる。

> **過 去 問**
>
> 　**設問３**　〔第２次開発の進め方の検討〕の表１について答えよ。
> 　　　⑶　Ｎ課長は，今後のNo.3などの検討に向けて現状を改善するために，取りまとめたノウハウをどのように活用することを狙っているのか。35字以内で答えよ。

　⑵と同じ，表１のNo.3を対象にした問題であり，⑵を飛ばさずに処理してきたのであれば，内容を確認する必要もないであろう。このままの状態で進める。

　直接要求されていることとその解答のイメージは次のようになる。

**要求**＝ノウハウ活用方法
**解答**＝○○を行う・○○に利用する

　すでに⑵の処理において，「取りまとめたノウハウ」に関する記述は，冒頭の概要部分にあることが確認できているので，あらためてその箇所を解釈してみる。

［冒頭の概要部分］

・・・・（省略）・・・・

　また，導入プロジェクトの終了後即座に，マーケティング部署が中心となりデジタルマーケティング戦略も立案することにした。戦略立案後は，更なるUX改善を図るマーケティング業務を実施することを目指す。そのために，導入プロジェクト終了時には，業務におけるAI活用のノウハウをまとめることにした。実践的なノウハウを蓄積することで，デジタルマーケティング戦略に沿って，様々なマーケティング業務でAIを活用したデータ分析などを行うことを可能とする。

　網掛け箇所に着目しよう。AI活用のノウハウは蓄積することで「様々なマーケティング業務でAIを活用したデータ分析などを行うことを可能とする」とある。つまり，可能となることを実現することが“狙い”と判断してよいだろう。ここから，解答は以下のようにまとめることができる。

解答：様々なマーケティング業務でAIを活用したデータ分析などを行うこと

（32字）

　この内容は公表された解答例とほぼ同じであり得点になると考えられる。

公表された解答例：マーケティング業務でAIを活用したデータ分析などを行う

　以上のことから，この設問は次のように整理できる。

## ■設問3⑶の整理

| 問題文中のセクション（小見出し） | 設問で指示された箇所 | 根拠が示された箇所 |
|---|---|---|
| 冒頭（全体概要） | | ●（ほぼそのまま使える） |
| ［AIボットの機能と導入方法］ | | |
| ［第1次開発の進め方の検討］ | | |
| ［第2次開発の進め方の検討］ | ● | ● |

⑵同様，根拠の箇所が冒頭の概要部分になるが，⑵の直後に処理すれば根拠の特定は容易であり，またほぼそのまま解答に使用できるので，十分得点可能な問題と位置づけられる。

本問は8問構成である。目標である6割の得点達成ためには5問以上での得点が必要となる。ここまで説明してきた対応で，8問中6問での得点が可能である。

**冒頭の概要部分にプロジェクトの位置付け，目的・目標等の記述があり，根拠となる記述が埋め込まれていることが多いこと，あくまで問題文中に示されている記述（根拠）をもとに解答する方針の徹底で，6割以上の得点がコンスタントに可能となること**をきっちり理解した上で，試験場で実践してほしい。

巻末付録

# 令和5年度　試験問題

**問1**　価値の共創を目指すプロジェクトチームのマネジメントに関する次の記述を読んで、設問に答えよ。

　E社はITベンダーで、不動産業や製造業を中心にシステムの構築、保守及び運用を手掛けており、クラウドサービスの提供、大規模なシステム開発プロジェクト及びアジャイル型開発プロジェクトのマネジメントの実績が豊富である。E社では近年、主要顧客からデジタル技術を活用した体験価値の提供についてよく相談を受けることから、E社経営層はこれをビジネスチャンスと捉え、事業化の検討を始めた。E社内で検討を進めたが、ショールームの来館体験や、住宅の完成イメージの体験など他社でも容易に実現できそうなアイディアしか出てこず、経営層の期待するE社独自の体験価値を提供する目途が立たなかった。E社経営層は新たな価値を創出する事業を実現するために、社内外を問わずノウハウを結集する必要があると考えた。そこで、E社は共同事業化の計画を作成し、G社及びH社に提案した。G社は、デジタル技術によってものづくりだけでなくサービス提供を含めた事業変革を目指すことを宣言している大手住宅建材・設備会社である。H社は、VRやARなどのxR技術とそれを生かしたUI/UXのデザインに強みをもつベンチャー企業である。両社とも自社の強みを生かせるメリットを感じ、共同事業化に合意して、E社が40%、G社とH社が30%の出資比率で新会社Xを設立した。

〔X社の状況〕

　X社の役員及び社員は出資元各社から出向し、社長はE社出身である。共同事業化の計画では、xR技術などを活用して、X社独自の体験価値を提供するシステムを、まずはG社での実証実験向けに開発する。その実績をベースに不動産デベロッパーなどへの展開を目指して、新しいニーズやアイディアを取り込みながら価値を高めていく構想である。X社は、体験価値を提供するシステム開発プロジェクト（以下、Xプロジェクトという）を立ち上げた。Xプロジェクトは、新たな体験価値を迅速に創出することが目的であり、出資元各社がこれまで経験したことのない事業なので、X社の社長は、共同事業化の計画は開発の成果を確認しながら修正する意向である。一方で、出資元の各社内の一部には、投資の回収だけを重視して、X社がで

きるだけ早期に収益を上げることを期待する意見もある。

〔Xプロジェクトの立ち上げの状況〕

　プロジェクトチームは，各社から出向してきている社員から，システム開発やマネジメントの経験が豊富な10名のメンバーを選任して編成された。F氏は，旧知のX社社長から推薦されてE社から出向してきており，アジャイル型開発のリーダーの経験が豊富である。F氏は，システム開発アプローチについて，①スキルや知見を出し合いながらスピード感をもって進めるアジャイル型開発アプローチを採用することを提案した。メンバー全員で話し合った結果，F氏の提案が採用され，早急にプロジェクトを立ち上げるためにプロジェクトマネージャ（PM）の役割が必要であることから，F氏がPMに選任された。

　F氏は，Xプロジェクトは，出資元各社では過去に経験がない新たな価値の創出への取組であると捉えている。このことをPMが理解するだけでなく，メンバー全員が理解して自発的にチャレンジをすることが重要であると考えた。そして，チャレンジの過程で新たなスキルを獲得して専門性を高め，そこで得られたものも含めて，それぞれの知見や体験をメンバー全員で共有して，チームによる価値の共創力を高めることを目指そうと考えた。この考えの下で，F氏はメンバー全員にヒアリングした結果，次のことを認識した。

・メンバーはいずれも出資元各社では課長，主任クラスであり，担当するそれぞれの分野での経験やノウハウが豊富である。E社からは，F氏を含めて4名が，G社，H社からは，それぞれ3名が参加している。

・メンバーはXプロジェクトの目的の実現に前向きな姿勢であり，提供する具体的な体験価値に対して，それぞれに異なる思いをもっているが，共有されてはいない。

・メンバーは出資元各社の期待も意識して活動する必要があると感じている。これがメンバーのチャレンジへの制約となりそうなので，プロジェクトの環境に配慮が必要である。

・メンバーは，チームの運営方法や作業の分担などのプロジェクトの進め方について，基本的にはPMのF氏の考えを尊重する意向ではあるが，各自の経験に基づいた自分なりの意見ももっている。その一方で，現在は自分の考えや気持ちを誰に対してでも安心して発言できる状態にはないと感じており，意見をはっきりと主張することはまだ控えているようである。

F氏は，ヒアリングで認識したメンバーの状況から，当面はF氏がPMとしてマネジメントすることを継続するものの，チームによる価値の共創力を高めるためには，早期にチームによる自律的なマネジメントに移行する必要があると考えた。ただし，F氏は，②自律的なマネジメントに移行するのは，チームの状態が改善されたことを慎重に確認してからにしようと考えた。

　一方でF氏は，リーダーがメンバーを動機付けしてチームのパフォーマンスを向上させるリーダーシップに関しては，メンバーの状況をモニタリングしながら修整（テーラリング）していくことにした。具体的には，リーダーが，各メンバーの活動を阻害する要因を排除し，活動しやすいプロジェクトの環境を整備する支援型リーダーシップと，リーダーが主導的にメンバーの作業分担などを決める指示型リーダーシップとのバランスに配慮することにした。そこで，メンバーの状況から，③指示型リーダーシップの発揮をできるだけ控え，支援型リーダーシップを基本とすることにした。そして，Xプロジェクトでメンバー全員に理解してほしい重要なことを踏まえて，④各メンバーがセルフリーダーシップを発揮できるようにしようと考えた。

〔目標の設定と達成に向けた課題と対策〕

　F氏は，ヒアリングで認識したメンバーの状況から，メンバーが価値を共創する上でチームの軸となる，提供する体験価値に関するXプロジェクトの目標が必要と感じた。そこで，⑤メンバーで議論を重ね，メンバーが理解し納得した上で，Xプロジェクトの目標を設定しようと考えた。そして，"サイバー空間において近未来の暮らしを疑似体験できる"という体験価値の提供を目標として設定した。

　F氏は，設定したXプロジェクトの目標，及び目標の達成に向けてメンバーの積極的なチャレンジが必要であるという認識をX社社長と共有した。また，チャレンジには失敗のリスクが避けられないが，失敗から学びながら成長して目標を達成するというプロジェクトの進め方となることについてもX社社長と認識を合わせて，X社社長からX社の役員に説明してもらい理解を得た。さらに，F氏は，ヒアリングから認識したメンバーの状況を踏まえ，X社社長から出資元各社にXプロジェクトの進め方を説明してもらい，各社に納得してもらった。その上で，それをX社社長から各メンバーにも伝えてもらうことによって，⑥メンバーがチャレンジする上でのプロジェクトの環境を整備することにした。

〔Xプロジェクトの行動の基本原則〕

　F氏は，Xプロジェクトの行動の基本原則をメンバーと協議した上で次のとおり定めた。

・担当する作業を決める際は，自分の得意な作業やできそうな作業だけではなく，各自にとってチャレンジングな作業を含めること

・⑦他のメンバーに対して積極的にチャレンジの過程で得られたものを提供すること，また自身の専門性に固執せず柔軟に他のメンバーの意見を取り入れること

　F氏は，これらの行動の基本原則に基づいて作業を進めることで，チームによる価値の共創力を高めることにし，目標の達成に必要な作業を全てメンバーで洗い出して定義した。

設問1　〔Xプロジェクトの立ち上げの状況〕について答えよ。

　　(1)　本文中の下線①について，F氏がアジャイル型開発アプローチを採用することを提案した理由は何か。30字以内で答えよ。

　　(2)　本文中の下線②について，F氏が自律的なマネジメントに移行する際に確認しようとした，改善されたチームの状態とはどのような状態のことか。35字以内で答えよ。

　　(3)　本文中の下線③について，F氏が指示型リーダーシップの発揮をできるだけ控えることにしたのは，メンバーがどのような状況であるからか。30字以内で答えよ。

　　(4)　本文中の下線④について，各メンバーがセルフリーダーシップを発揮できるようにしようとF氏が考えた理由は何か。25字以内で答えよ。

設問2　〔目標の設定と達成に向けた課題と対策〕について答えよ。

　　(1)　本文中の下線⑤について，F氏が，Xプロジェクトの目標の設定に当たって，メンバーで議論を重ね，メンバーが理解し納得した上で設定しようと考えた狙いは何か。35字以内で答えよ。

　　(2)　本文中の下線⑥について，F氏が，Xプロジェクトの進め方を出資元各社に納得してもらい，それをX社社長から各メンバーにも伝えてもらうことによって整備することにしたプロジェクトの環境とはどのような環境か。35字以内で答えよ。

設問3　〔Xプロジェクトの行動の基本原則〕について，F氏が本文中の下線⑦をXプロジェクトの行動の基本原則とした狙いは何か。30字以内で答えよ。

**問2** システム開発プロジェクトにおけるイコールパートナーシップに関する次の
記述を読んで，設問に答えよ。

　S社は，ソフトウェア会社である。予算と期限の制約を堅実に守りながら高品質
なソフトウェアの開発で顧客の期待に応え，高い顧客満足を獲得している。開発ア
プローチは予測型が基本であり，プロジェクトを高い精度で正確に計画し，変更が
あれば計画を見直し，それを確実に実行するという計画重視の進め方を採用してき
た。

　S社のT課長は，この8年間プロジェクトマネジメントに従事しており，現在は
12名の部下を率いて，自ら複数のプロジェクトをマネジメントしている。数年前か
ら，プロジェクトを取り巻く環境の変化の速度と質が変わりつつあることを肌で感
じており，S社のこれまでのやり方では，これからの環境の変化に対応できなくな
ると考えた。そこで，適応型開発アプローチや回復力（レジリエンス）に関する勉
強会に参加するなどして，変化への対応に関する学びを深めてきた。

〔予測型開発アプローチに関するT課長の課題認識〕
　T課長は，これまでの学びを受けて，現状の課題を次のように認識していた。
・顧客の事業環境は，ここ数年の世界的な感染症の流行などの影響で大きく変化し
　ている。受託開発においては，要件や契約条件の変更が日常茶飯事であり，顧客
　が求める価値（以下，顧客価値という）が，事業環境の変化にさらされて受託当
　初から変わっていく。この傾向は今後更に強まるだろう。したがって，①これま
　での計画重視の進め方では，S社のプロジェクトの一つ一つの活動が顧客価値に
　直結するか否かという観点で，プロジェクトマネジメントに関する課題を抱える
　ことになる。
・顧客価値の変化に対応するためには，顧客もS社も行動が必要であるが，顧客は，
　購買部門の意向で今後も予測型開発アプローチを前提とした請負契約を継続する
　考えである。そこで，しばらくは予測型開発アプローチに軸足を置きつつ，適応
　型開発アプローチへのシフトを準備していく。具体的には，計画の精度向上を過
　度には求めず，顧客価値の変化に対応する適応力と回復力の強化に注力していく。
　このような状況の下では，まずS社が行動を起こす必要がある。
・これまでS社は，協力会社に対して，予測型開発アプローチを前提とした請負契
　約で発注してきたが，顧客価値の変化に対応するためには，今後も同じやり方を

続けるのが妥当かどうか見直すことが必要になる。

〔協力会社政策に関するT課長の課題認識〕
　S社は，これまで，“完成責任を全うできる協力会社の育成”を掲げて，協力会社政策を進めていた。その結果，協力会社のうち3社を予測型開発アプローチでの計画や遂行の力量がある優良協力会社に育成できたと評価している。
　しかし，T課長は，現状の協力会社政策には次の二つの課題があると感じていた。
・顧客との契約変更を受けて行う一連の協力会社との契約変更，計画変更の労力が増加している。これらの労力が増えていくことは，プロジェクトの一つ一つの活動が顧客価値に直結するか否かという観点で，プロジェクトマネジメントに関する課題を抱えることになる。
・顧客から請負契約で受託した開発プロジェクトの一部の作業を，請負契約で外部に再委託することは，プロジェクトの制約に関するリスク対応戦略の“転嫁”に当たるが，実質的にはリスクの一部しか転嫁できない。というのも，委託先が納期までに完成責任を果たせなかった場合，契約上は損害賠償請求や追完請求などを行うことが可能だが，これらの権利を行使したとしても，②プロジェクトのある制約に関するリスクについては，既に対応困難な状況に陥っていることが多いからである。
　さらにT課長には，請負契約で受託した開発プロジェクトで，リスクの顕在化の予兆を検知した場合に，顧客への伝達を躊躇したことがあった。これは，リスクが顕在化し，それを顧客に伝達した際に，顧客から契約上の規定によって何度も細かな報告を求められた経験があったからである。このような状況になると，PMやリーダーの負荷が増え，本来注力すべき領域に集中できなくなる。また，チームが強い監視下に入り，メンバーの士気が落ちていくことを経験した。そしてT課長は，自分自身がこれまで，協力会社に対して顧客と同様の行動をとっていたことに気づき，反省した。
　T課長は，顧客とS社，S社と協力会社との間で，リスクが顕在化することによって協調関係が乱れてしまうのは，これまでのパートナーシップにおいて，発注者の優越的立場が受託者に及ぼす影響に関する認識が発注者に不足しているからではないか，と考えた。このことを踏まえ，発注者の優越的立場が悪影響を及ぼさないようにしっかり意識して行動することによって，顧客とS社，S社と協力会社とのパートナーシップは，顧客価値の創出という目標に向かってより良い対等な共創関

係となることが期待できる。そこで，顧客とS社との間に先立ち，S社と協力会社との間でイコールパートナーシップ（以下，EPSという）の実現を目指すことを上司の役員と購買部門に提案し，了解を得た。

[パートナーシップに関する協力会社の意見]

　T課長は，EPSを共同で探求する協力会社として，来月から始まる請負契約で受託した開発プロジェクトで委託先として予定している優良協力会社のA社が最適だと考えた。A社のB役員，PMのC氏とは，仕事上の関係も長く，気心も通じていた。

　T課長はA社に，次回のプロジェクトへの参加に先立って③EPSの"共同探求"というテーマで対話をしたい，と申し入れた。そして，その背景として，これまで自分が受託者の立場で感じてきたことを踏まえ，A社に対する行動を改善しようと考えていることと，これはあくまで自分の経験に基づいた考えにすぎないので多様な視点を加えて修正したり更に深めたりしていきたいと思っていることを伝えた。A社の快諾を得て，対話を行ったところ，B役員及びC氏からは次のような意見が上がった。

・進捗や品質のリスクの顕在化の予兆が検知された場合に，S社に伝えるのを躊躇したことがあった。これは，T課長と同じ経験があり，自力で何とかするべきだ，という思いがあったからである。

・急激な変化が起こる状況での見積りは難しく，見積りと実績の差異が原因で発生するプロジェクトの問題が多い。このような状況では，適応力と回復力の強化が重要だと感じる。

・S社と請負契約で契約することで計画力や遂行力がつき，生産性を向上させるモチベーションが上がった。S社以外との間で行っている業務の履行割合に応じて支払を受ける準委任契約においても善管注意義務はあるし，顧客満足の追求はもちろん行うのだが，請負契約に比べると，モチベーションが下がりがちである。

[T課長がA社と探求するEPS]

　両社はS社の購買部門を交えて対話を重ね，顧客価値を創出するための対等なパートナーであるという認識を共有することにした。そこでS社は発注者の立場で④あることをしっかりと意識して行動することを基本とし，A社は，顧客価値の創出のためのアイディアを提案していくことなどを通じて，両社の互恵関係を強化していくことにした。また，今後の具体的な活動として，次のような進め方で取り組む

ことを合意した。

・リスクのマネジメントは，両社が自律的に判断することを前提に，共同で行う。

・見積りは不確実性の内在した予測であり，計画と実績に差異が生じることは不可避であることを認識し，計画の過度な精度向上に掛ける労力を削減する。フレームワークとして，PDCAサイクルだけでなく，行動（Do）から始めるDCAPサイクルや観察（Observe）から始めて実行（Act）までを高速に回す　　a　　ループも用いる。

・計画との差異の発生，変更の発生，予測困難な状況の変化などに対応するための適応力と　　b　　を強化することに取り組む。　　b　　を強化するためには，チームのマインドを楽観的で未来志向にすることが重要であるという心理学の知見を共有し，リカバリする際に，現実的な対処を前向きに積み重ねていく。特に，状況が悪いときこそ，チームの士気に注意してマネジメントする。

・顧客価値の変化に対応するために，契約については，請負契約ではなく，2020年（令和2年）4月施行の改正民法において準委任契約に新設された類型である　　c　　型をベースとして，これまでの請負契約での工程ごとの検収サイクルと同一のタイミングで，成果物の納入に対して支払を行う。

・さらに今後は，顧客価値の対象のうち必ずしも明確な成果物がないものが含まれることを鑑みて，コスト・プラス・インセンティブ・フィー（CPIF）契約の採用について検討を進める。この場合，S社は委託作業に掛かった正当な全コストを期間に応じて都度支払い，さらにあらかじめ設定した達成基準をA社が最終的に達成した場合には，S社はA社に対し　　d　　を追加で支払う。

　T課長は，この試みによって，EPSの現実的な効果や課題などの経験知が得られるとともに，両社の適応力と　　b　　が強化されることを期待した。そして，この成果を基に，顧客を含めたEPSを実現し，より良い共創関係の構築を目指していくことにした。

**設問1**　〔予測型開発アプローチに関するT課長の課題認識〕の本文中の下線①について，どのようなプロジェクトマネジメントに関する課題を抱えることになるのか。35字以内で答えよ。

**設問2**　〔協力会社政策に関するT課長の課題認識〕の本文中の下線②について，既に対応困難な状況とはどのような状況か。35字以内で答えよ。

**設問3**　〔パートナーシップに関する協力会社の意見〕の本文中の下線③について，

T課長は，“共同探求”の語を入れることによってA社にどのようなメッセージを伝えようとしたのか。20字以内で答えよ。

**設問4**　〔T課長がA社と探求するEPS〕について答えよ。

(1)　本文中の下線④のあることとは何か。30字以内で答えよ。

(2)　両社はリスクのマネジメントを共同で行うことによって，どのようなリスクマネジメント上の効果を得ようと考えたのか。25字以内で具体的に答えよ。

(3)　本文中の　　　　a　　　　〜　　　d　　　に入れる適切な字句を答えよ。

(4)　両社は改正民法で準委任契約に新設された類型を適用したり，今後はCPIF契約の採用を検討したりすることで，A社のプロジェクトチームに，顧客価値の変化に対応するためのどのような効果を生じさせようと考えたのか。25字以内で答えよ。

**問3** 化学品製造業における予兆検知システムに関する次の記述を読んで，設問に
答えよ。

　J氏は，化学品を製造する企業である。化学品を製造するための装置群（以下，
プラントという）は1960年代に建設され，その後改修を繰り返して現在も使われて
いる。プラントには，広大な敷地の中に，配管でつながれた多くの機器，タンクな
ど（以下，機器類という）が設置されている。

　機器類で障害が発生すると，プラントの停止につながることがあり，停止すると
化学品を製造できないので，大きな機会損失となる。このような障害の発生を防止
するため，J社は，プラントの運転中に，ベテラン技術者が"機器類の状況につい
て常に監視・点検を行い，その際に，機器類の障害の予兆となるような通常とは異
なる状況があれば，早めに交換・修理"（以下，点検業務という）を行っている。機
器類の障害を確実に予兆の段階で特定し，早めに交換・修理を行えば，障害を未然
に防止できる。しかし，プラントに設置されている機器類は膨大な数に上り，どの
機器類のどのような状況が障害の予兆となるのかを的確に判断するには，長年の経
験を積んだベテラン技術者が点検業務を実施する必要がある。

　最近は，ベテラン技術者の退職が増え，点検業務の作業負荷が高まったことにベ
テラン技術者は不満を抱えている。一方で，以前はベテラン技術者が多数いて，点
検業務のOJTによって中堅以下の技術者（以下，中堅技術者という）を育成してい
たが，最近はその余裕がなく，中堅技術者はベテラン技術者の指示でしか作業がで
きず，点検業務を任せてもらえないことに不満を抱えている。

　ベテラン技術者は，長年の経験で，機器類の障害の予兆を検知するのに必要な知
見と，プラントの特性を把握した交換・修理のノウハウを多数有している。J社で
は，デジタル技術を活用した，障害の予兆検知のシステム化を検討していた。これ
によってベテラン技術者の知見をシステムに取り込むことができれば，中堅技術者
への業務移管が促進され，双方の不満が解消される。しかし，プラントの点検業務
の作業は，一歩間違えば事故につながる可能性があり，プラントの特性を理解せず
にシステムに頼った点検業務を行うことは事故につながりかねないとのベテラン技
術者の抵抗があり，システム化の検討が進んでいない。

〔予兆検知システムの開発〕
　J社情報システム部のK課長は，ITベンダーのY社から設備の障害検知のアルゴ

リズムを利用したコンサルティングサービスを紹介された。K課長は，この設備の障害検知のアルゴリズムがプラントの障害の予兆検知のシステム化に使えるのではないかと考え，Y社に実現可能性を尋ねた。Y社からは，機器類の状況を示す時系列データが蓄積されていれば，多数ある機器類のうち，どの機器類の時系列データが障害の予兆検知に必要なデータかを特定して，予兆検知が可能になるのではないかとの回答を得た。そこでK課長は，プラントが設置されている工場に赴いて，プラントの点検業務の責任者であるL部長に相談した。L部長は，長年プラントの点検業務を担当してきており，ベテラン技術者からの信頼も厚い。

L部長から，機器類の状況を示す時系列データとしては，長期間にわたり蓄積されたセンサーデータが利用できるとの説明があった。そこでK課長は，プラント上の様々な機器類のセンサーから得られるセンサーデータに対し，Y社のアルゴリズムを適用して"障害の予兆"を検知するシステム（以下，予兆検知システムという）の開発をL部長と協議した。

K課長はL部長の同意を得た上で，工場と情報システム部で共同して，予兆検知システムの開発プロジェクト（以下，本プロジェクトという）を立ち上げることを経営層に提案して承認され，本プロジェクトが開始された。

〔プロジェクトの目的〕

K課長は，本プロジェクトの目的を，"プラントの障害の予兆を検知し，障害を未然に防止すること"とした。さらにK課長は，中堅技術者が早い段階からシステムの仕様を理解し，システムを活用して障害の予兆が検知できれば，点検業務を担当することができ，ベテラン技術者の負荷軽減につながると考えた。一方で，システムの理解だけでなく，予兆を検知した際のプラントの特性を把握した交換・修理のノウハウを継承するための仕組みも用意しておく必要があると考えた。K課長は情報システム部のプロジェクトメンバーとともに，工場の技術者と共同でシステムの構想・企画の策定を開始することにした。その際，L部長に参加を依頼して了承を得た。

〔構想・企画の策定〕

K課長は，L部長に依頼して工場の技術者全員を集め，L部長から本プロジェクトの目的を説明してもらった。その上で，K課長は，本プロジェクトでは，最初に要件定義チームを立ち上げ，長期にわたり蓄積されたセンサーデータから，障害の

予兆を検知するデータの組合せを特定すること，及び予兆が検知された際の機器類の交換・修理の手順を可視化することに関して要件定義フェーズを実施することを説明した。要件定義チームは，工場の技術者，情報システム部のプロジェクトメンバー，及びY社のメンバーで構成される。

K課長は，事前にY社に対し，業務委託契約の条項を詳しく説明していた。特に，J社の時系列データ及びY社のアルゴリズムの知的財産権の保護に関して，認識の相違がないことを十分に確認した上で，Y社にある支援を依頼していた。

K課長は，要件定義チームの技術者のメンバーに，ベテラン技術者だけでなく中堅技術者も選任した。要件定義チームの作業は，多様な経験と点検業務に対する知見・要求をもつ，技術者，情報システム部のプロジェクトメンバー及びY社のメンバーが協力して進める。また，様々な観点から多様な意見を出し合い，その中からデータの組合せを特定するという探索的な進め方を，要件定義として半年を期限に実施する。その結果を受けて，予兆検知システムの開発のスコープが定まり，このスコープを基に，要件定義フェーズの期間を含めて1年間で本プロジェクトを完了するように開発フェーズを計画し，確実に計画どおりに実行する。

〔プロジェクトフェーズの設定〕

本プロジェクトには，要件定義フェーズと開発フェーズという特性の異なる二つのプロジェクトフェーズがある。K課長は，要件定義フェーズは，仮説検証のサイクルを繰り返す適応型アプローチを採用して，仮説検証の1サイクルを2週間に設定した。一方，開発フェーズは予測型アプローチを採用し，本プロジェクトを確実に1年間で完了する計画とした。

さらに，K課長は，機器類の交換・修理の手順を模擬的に実施することで，手順の間違いがプラントにどのように影響するかを理解できる機能を予兆検知システムに実装することにした。

**設問1** 〔プロジェクトの目的〕について，K課長が，工場の技術者と共同でシステムの構想・企画の策定を開始する際に，長年プラントの点検業務を担当してきており，ベテラン技術者からの信頼も厚い，L部長に参加を依頼することにした狙いは何か。35字以内で答えよ。

**設問2** 〔構想・企画の策定〕について答えよ。

(1) K課長が，L部長に本プロジェクトの目的を説明してもらう際に，工場

125

の技術者全員を集めた狙いは何か。25字以内で答えよ。

(2) K課長が，J社とY社との間の知的財産権を保護する業務委託契約の条項を詳しく説明し，認識の相違がないことを十分に確認した上で，Y社に依頼したのはどのような支援か。30字以内で答えよ。

(3) K課長が，要件定義チームのメンバーとして選任したベテラン技術者と中堅技術者に期待した役割は何か。それぞれ30字以内で答えよ。

**設問3** 〔プロジェクトフェーズの設定〕について答えよ。

(1) K課長が，本プロジェクトのプロジェクトフェーズの設定において，要件定義フェーズと開発フェーズは特性が異なると考えたが，それぞれのプロジェクトフェーズの具体的な特性とは何か。それぞれ20字以内で答えよ。

(2) K課長が，機器類の交換・修理の手順を模擬的に実施することで，手順の間違いがプラントにどのように影響するかを理解できる機能を予兆検知システムに実装することにした狙いは何か。35字以内で答えよ。

午後Ⅰ試験

問1

| 出題趣旨 |
| --- |
| 　プロジェクトマネージャ（PM）は，チームが自律的にパフォーマンスを最大限に発揮するように促し，支援する必要がある。そのためには，適切なマネジメントのスタイルを選択し，リーダーシップのスタイルを修整（テーラリング）することが求められる。<br>　本問では，過去に経験のない新たな価値の創出を目指すシステム開発プロジェクトを題材として，プロジェクトチームの形成，チームの自律型マネジメントの実現及び発揮するリーダーシップの修整について，PMとしての実践的な能力を問う。 |

| 設問 | | 解答例・解答の要点 |
| --- | --- | --- |
| 設問1 | (1) | 成果を随時確認しながらプロジェクトを進められるから |
| | (2) | 自分の考えや気持ちを誰に対してでも安心して発言できる状態 |
| | (3) | メンバーは目的の実現に前向きな姿勢である状況 |
| | (4) | メンバーの自発的なチャレンジが重要だから |
| 設問2 | (1) | 提供する体験価値に対するメンバーの思いを統一し共有するため |
| | (2) | メンバーが出資元各社の期待に制約されずにチャレンジできる環境 |
| 設問3 | | 知見や体験を共有して価値の共創力を高めるため |

問2

| 設問 | | | 解答例・解答の要点 |
|---|---|---|---|
| 設問1 | | | 顧客価値に直結しない計画変更に掛ける活動が増加していくという課題 |
| 設問2 | | | どんなに資源を投入しても，納期に間に合わせることができない状況 |
| 設問3 | | | A社の視点を加えてほしいこと |
| 設問4 | (1) | | 優越的な立場が悪影響を及ぼさないようにすること |
| | (2) | | 最速で予兆を検知して，協調して対処する。 |
| | (3) | a | ooda |
| | | b | 回復力 |
| | | c | 成果報酬　又は　成果完成 |
| | | d | インセンティブ・フィー |
| | (4) | | 生産性向上のモチベーションを維持する。 |

128

問3

| 出題趣旨 |
| --- |

　プロジェクトマネージャ（PM）は，システム開発プロジェクトの目的を実現するために，プロジェクトのステークホルダと適切にコミュニケーションを取り，協力関係を構築し維持することが求められる。

　本問では，化学品製造業における障害の予兆検知システムを題材として，ステークホルダのニーズを的確に把握し，適切なシステム開発のプロジェクトフェーズ及び開発アプローチを設定して，ステークホルダのニーズを実現する，PMとしての実践的なマネジメント能力を問う。

| 設問 | | 解答例・解答の要点 | |
| --- | --- | --- | --- |
| 設問1 | | ベテラン技術者の抵抗感を抑えプロジェクトに協力させるため | |
| 設問2 | (1) | 技術者全員の不満解消になることを伝えるため | |
| | (2) | 予兆検知に必要なデータを特定するコンサルティング | |
| | (3) | ベテラン技術者 | 機器類の予兆検知と交換・修理のノウハウを提示する。 |
| | | 中堅技術者 | 早い段階からシステムの仕様を理解し活用できるかを確認する。 |
| 設問3 | (1) | 要件定義フェーズ | 探索的な進め方になること |
| | | 開発フェーズ | 計画を策定し計画どおりに実行すること |
| | (2) | 中堅技術者がベテラン技術者の交換・修理のノウハウを継承するため | |

# 令和5年度　試験センターによる採点講評

午後 I 試験

問 1

問 1 では，過去に経験のない新たな価値の創出を目指すシステム開発プロジェクトを題材に，価値の共創を目指すプロジェクトチームの形成，チームによる自律型マネジメントの実現及び発揮するリーダーシップの修整について出題した。全体として正答率は平均的であった。

設問 1(3)は，正答率がやや低かった。F 氏が指示型リーダーシップの発揮を控えようと考えたのは，"メンバーそれぞれが前向きな姿勢であり自分なりの意見をもっている"という状況をヒアリング結果から得たからであり，この点を読み取って解答してほしい。

設問 2(1)は，正答率がやや低かった。"X プロジェクトにおける目標の設定をする"のような，下線部や設問文に記載されている内容を抜き出した解答が散見された。"X プロジェクトにおける目標の設定"に当たっては，メンバーそれぞれの，提供する体験価値への思いを統一し，共有することが重要であることを読み取って解答してほしい。

## 問2

問2では，顧客が求める価値の変化に対応するシステム開発プロジェクトを題材に，変化に対応する適応力と回復力の重視への転換を目指した，協力会社とのパートナーシップの見直しについて出題した。全体として正答率は平均的であった。

設問2の正答率は平均的であったが，"顧客から何度も細かな報告を求められる"，"チームが強い監視下に入り，メンバーの士気が低下する"など，顧客へ伝達した際の事象を記述した解答が見られた。

設問4(2)は，正答率がやや低かった。"適応力と回復力の強化"のような，共同で行うリスクのマネジメントから焦点が外れた解答が見られた。設問文をよく読んで，解答してほしい。

プロジェクトマネージャとして，委託元と委託先とのより良い共創関係がもたらす価値に注目して行動してほしい。

## 問3

問3では，化学品製造業における障害の予兆検知システムを題材に，ステークホルダーのニーズを的確に把握し，適切なシステム開発のプロジェクトフェーズ及び開発アプローチを適切に設定して，ステークホルダーのニーズを実現する実践的なマネジメント能力について出題した。全体として正答率は平均的であった。

設問2(1)の正答率は平均的であったが，"ステークホルダーだから"という，プロジェクトマネジメントとしての目的を意識していないと思われる解答が散見された。プロジェクトマネージャ（PM）として，立ち上げの時期に全員がプロジェクトの目的を共有することの重要性を理解して解答してほしい。

設問3(2)の正答率は平均的であったが，プラントの特性を理解した交換・修理のノウハウの継承という点を正しく解答した受験者が多かった一方で，交換・修理の手順を模擬的に実施する機能の実装だけで機器類の障害の発生を防げると誤って解答している受験者も散見された。PMとして，システムを正しく機能させるための利用者の訓練の重要性を理解して解答してほしい。

# 令和4年度　試験問題

**問1**　SaaSを利用して短期間にシステムを導入するプロジェクトに関する次の記述を読んで，設問に答えよ。

　M社は，ECサイトでギフト販売を行っている会社である。自社でECソフトウェアパッケージやマーケティング支援ソフトウェアパッケージなどを導入し，運用している。

　顧客からの問合せには，コールセンターを設置して電話や電子メールで対応している。ECサイトにはFAQを掲載しているものの，近年ギフト需要が高まる時期にはFAQだけでは解決しない内容に関する問合せが急増している。その結果，対応待ち時間が長くなり顧客が不満を抱き，見込客を失っている。また，現状はオペレーターが問合せの対応履歴を手動で登録しているが，簡易的なものであり，顧客の不満や要望などのデータ化はできておらず，顧客の詳細な情報を反映した商品企画・販売活動には利用できない。さらに，顧客視点に立ったデジタルマーケティング戦略も存在しないので，現状ではSNSマーケティングやAIを活用したデータ分析などを行うことは難しい。

　M社は，次に示す2点の顧客体験価値（UX）の改善によるビジネス拡大を狙って，Webからの問合せに回答するAIを活用したチャットボット（以下，AIボットという）を導入するプロジェクト（以下，導入プロジェクトという）を立ち上げた。

・Webからの問合せにAIボットで回答することで，問合せへの対応の迅速化と回答の品質向上を図り，顧客満足度を改善して見込客を増やす。

・AIボットに記録される詳細な対応履歴から顧客の好みや流行などを把握，分析し，顧客の詳細な情報を反映した商品企画・販売活動を行い，売上を拡大する。

　早急に顧客の不満を解消するためには，2か月後のクリスマスギフト商戦までにAIボットを運用開始することが必達である。M社は，短期間で導入するために，SaaSで提供されているAIボットを導入すること，AIボットの標準画面・機能をパラメータ設定の変更によって自社に最適な画面・機能とすること，及びAIボットの機能拡張はAPIを使って実現することを，導入プロジェクトの方針とした。

　また，導入プロジェクトの終了後即座に，マーケティング部署が中心となりデジタルマーケティング戦略も立案することにした。戦略立案後は，更なるUX改善を

図るマーケティング業務を実施することを目指す。そのために，導入プロジェクト終了時には，業務におけるAI活用のノウハウをまとめることにした。実践的なノウハウを蓄積することで，デジタルマーケティング戦略に沿って，様々なマーケティング業務でAIを活用したデータ分析などを行うことを可能とする。

〔AIボットの機能と導入方法〕
　プロジェクトマネージャ（PM）である情報システム部のN課長は，導入プロジェクトの方針に沿い，次に示す特長を有するR社のAIボットを選定し，役員会で承認を得た。
(1)　機能に関する特長
　・問合せには，AIボットが顧客と対話してFAQから回答を提示する。AIボットはこれらの履歴及び回答にたどり着くまでの時間を対応履歴として自動記録する。
　・AIボットは，問合せ情報などのデータを用いてFAQを自動更新するとともに，これらのデータを機械学習して分析することで，より類似性の高い質問や回答の提示が可能になるので，問合せへの対応の迅速化と回答品質の継続的な向上が図れる。
　・AIボットに記録される詳細な対応履歴は，集計・分析・ファイル出力ができる。
　・AIボットの提示する質問や回答を見て，顧客はAIボットから有人チャットに切替えが可能なので，顧客は必ず回答を得られる。
　・M社内のシステムと連携し，機能拡張するためのAPIが充実している。
(2)　導入方法に関する特長
　・M社の要求に合わせた画面・機能の細かい動作の大部分が，標準画面・機能へのパラメータ設定の変更によって実現できる。

　N課長は①あるリスクを軽減すること，及び商品企画・販売活動に反映するための詳細な対応履歴を蓄積する必要があることから，次の2段階で開発することにした。
・第1次開発：Webからの問合せにAIボットで回答し，顧客の選択に応じて有人チャットに切り替えるというUX改善のための機能を対象とする。画面・機能はパラメータ設定の変更だけで実現できる範囲で最適化を図る。2か月後に運用開始する。

・第2次開発：把握，分析した顧客の詳細な情報を反映した商品企画・販売活動を行うというUX改善のための機能を対象とする。AIボットの機能拡張はAPIを使って実現することを方針とする。APIを使って実現できない機能は，次に示す二つの基準を用いて評価を行い，対応すると判断した場合，M社内のシステムの機能拡張を行う。
　（ⅰ）実現する機能が目的とするUX改善に合致しているか
　（ⅱ）実現する機能が創出する成果が十分か
　次のギフト商戦を考慮して，9か月後の運用開始を目標とする。


〔第1次開発の進め方の検討〕
　M社コールセンター管理職社員（以下，CC管理職という）は要件を確定する役割を担うが，顧客がどのようにAIボットを使うのか，オペレーターの運用がどのように変わるのかについてのイメージをもてていない。
　N課長は，要件定義では，R社提供の標準FAQを用いて標準画面・機能でプロトタイピングを行い，CC管理職の②ある理解を深めた上でCC管理職の要求を収集し，画面・機能の動作の大枠を要件として定義することにした。受入テストではM社の最新のFAQと実運用時に想定される多数の問合せデータを用い，要件の実装状況，問合せへの対応迅速化の状況，及び③あることを確認する。同時に，要件定義時には収集できなかったCC管理職の要求を追加収集する。また，受入テストの期間を十分に確保し，追加収集した要求についても，次に示す基準を満たす受入テストの期間中に対応して第1次開発に取り込み，2か月後の運用開始を必達とする条件は変えずにUX改善の早期化を図ることにした。
・　　　　a
・問合せへの対応が迅速になる，又は回答品質が向上する。


〔第2次開発の進め方の検討〕
　第2次開発の対応範囲を定義するために，マーケティング部署にヒアリングし，表1に示す機能に対する要求とその機能が創出する成果を特定し，要求に対応する機能拡張APIをAIボットが具備しているかを確認した。

**表1　マーケティング部署の機能に対する要求と機能が創出する成果**

| No. | 機能に対する要求 | 機能が創出する成果 | API |
|---|---|---|---|
| 1 | 詳細な対応履歴と問合せ者の顧客情報・購買履歴に基づく推奨ギフトの提案 | 顧客が自身の好みに沿ったギフトを簡単に購入できる。 | 有り |
| 2 | 顧客情報・購買履歴と商品企画・販売活動の統合分析 | M社が顧客の真のニーズを踏まえたギフトを企画，販売できる。 | 無し |
| 3 | AIを活用した市場トレンド・詳細な対応履歴などのデータ分析による最適なSNSへの広告出稿 | 顧客の関心が高いギフトの広告をSNSに表示できる。 | 無し |

　No.1については，AIボットの機能拡張を前提に，ECソフトウェアパッケージの運用チームに相談してより具体的な要求を詳細化することにした。No.2については，マーケティング支援ソフトウェアパッケージの機能拡張の工数見積りに加えて，ある評価を行って対応有無を判断することにした。No.3は対応しないことにした。ただし，導入プロジェクト終了時には，業務におけるAI活用のノウハウを取りまとめ，今後のNo.3などの検討に向けて現状を改善するために活用することにした。

**設問1**　〔AIボットの機能と導入方法〕の本文中の下線①について，N課長が第1次開発においてこのような開発対象や開発方法としたのは，M社のどのようなリスクを軽減するためか。35字以内で答えよ。

**設問2**　〔第1次開発の進め方の検討〕について答えよ。

　(1)　本文中の下線②について，N課長は標準画面・機能のプロトタイピングで，CC管理職のどのような理解を深めることを狙ったのか。30字以内で答えよ。

　(2)　本文中の下線③について，N課長は何を確認したのか。20字以内で答えよ。

　(3)　N課長は，要件定義時には収集できなかったCC管理職のどのような要求を受入テストで追加収集できると考えたのか。20字以内で答えよ。

　(4)　本文中の｜　　　a　　　｜に入れる適切な字句を，25字以内で答えよ。

**設問3**　〔第2次開発の進め方の検討〕の表1について答えよ。

　(1)　N課長は，No.2について対応有無を判断するために具体的にどのような評価を行ったのか。30字以内で答えよ。

　(2)　N課長が，No.3は対応しないと判断した理由を30字以内で答えよ。

　(3)　N課長は，今後のNo.3などの検討に向けて現状を改善するために，取りまとめたノウハウをどのように活用することを狙っているのか。35字以内で答えよ。

# 令和4年度　試験センター発表の解答例

| 出題趣旨 |
| --- |
| 　プロジェクトマネージャ（PM）は，ビジネス環境の変化に迅速に対応することを目的に，SaaSを利用して業務改善やサービス品質向上などの顧客体験価値（UX）改善を図る場合は，効率的な導入を実現するようにプロジェクト計画を作成する必要がある。<br>　本問では，ギフト販売会社のコールセンターの業務でSaaSを利用して短期間にシステム導入するプロジェクトを題材として，SaaSの特長を生かした導入手順の決定，システムの利用者と認識を共有するプロセス及びUX改善ノウハウの蓄積方法について，PMとしての実践的な能力を問う。 |

| 設問 | | | 解答例・解答の要点 |
| --- | --- | --- | --- |
| 設問1 | | | AIボットの運用開始がクリスマスギフト商戦に遅れるリスク |
| 設問2 | (1) | | ・AIボット導入によるコールセンター業務の実施イメージ<br>・顧客がどのようにAIボットを使うのかのイメージ |
| | (2) | | より類似性の高い質問や回答の提示状況 |
| | (3) | | FAQの自動更新に関わる要求 |
| | (4) | a | パラメータ設定の変更だけで実現できる。 |
| 設問3 | (1) | | 顧客の真のニーズを踏まえたギフトを販売できるかどうか |
| | (2) | | デジタルマーケティング戦略の立案を先にすべきだから |
| | (3) | | マーケティング業務でAIを活用したデータ分析などを行う。 |

# 令和4年度　試験センターによる採点講評

午後Ⅰ試験
問1

　問1では，SaaSを利用したシステム導入プロジェクトを題材に，SaaSの特長を生かした導入手順について出題した。全体として正答率は平均的であった。
　設問2(3)は，正答率が低かった。M社の最新のFAQや問合せデータなどに言及せず，オペレーターの運用だけに着目した解答が多かった。要件定義では用いなかったデータを用いた受入テストから新たな要求が生じること，新たな要求を把握した上で適切に対応することが重要であることを理解してほしい。
　設問3(2)は，正答率がやや低かった。第2次開発の評価基準への適合に関する解答が多かった。機能の採否の判断には評価基準の適合も当然のことながら，UXの改善に向けた適切なアプローチという視点が重要であることを理解してほしい。

**問2**　業務管理システムの改善のためのシステム開発プロジェクトに関する次の記述を読んで，設問1～3に答えよ。

　L社は，健康食品の通信販売会社であり，これまでは堅調に事業を拡大してきたが，近年は他社との競合が激化してきている。L社の経営層は競争力の強化を図るため，顧客満足度（以下，CSという）の向上を目的とした活動を全社で実行することにした。この活動を推進するためにCS向上ワーキンググループ（以下，CSWGという）を設置することを決定し，経営企画担当役員のM氏がリーダとなって，本年4月初めからCSWGの活動を開始した。

　L社はこれまでにも，商品ラインナップの充実，顧客コミュニティの運営，顧客チャネル機能の拡張としてのスマートフォン向けアプリケーションの提供などを進めてきた。L社ではCS調査を半年に一度実施しており，顧客コミュニティを利用してCSを5段階で評価してもらっている。これまでのCS調査の結果では，第4段階以上の高評価の割合が60％前後で推移している。L社経営層は，CSが高評価の顧客による購入体験に基づく顧客コミュニティでの発言が売上向上につながっているとの分析から，高評価の割合を80％以上とすることをCSWGの目標にした。

　CSWGの進め方としては，施策を迅速に展開して，CS調査のタイミングでCSと施策の効果を分析し評価する。その結果を反映して新たな施策を展開し，半年後のCS調査のタイミングで再びCSと施策の効果を分析し評価する，というプロセスを繰り返し，2年以内にCSWGの目標を達成する計画とした。

　施策の一つとして，販売管理機能，顧客管理機能及び通販サイトなどの顧客接点となる顧客チャネル機能から構成されている業務管理システム（以下，L社業務管理システムという）の改善によって，購入体験に基づく顧客価値（以下，顧客の体験価値という）を高めることでCS向上を図る。L社業務管理システムの改善のためのシステム開発プロジェクト（以下，改善プロジェクトという）を，CSWGの活動予算の一部を充当して，本年4月中旬に立ち上げることになった。

　改善プロジェクトのスポンサはM氏が兼任し，プロジェクトマネージャ（PM）にはL社システム部のN課長が任命された。プロジェクトチームのメンバはL社システム部から10名程度選任し，内製で開発を進める。2年以内にCSWGの目標を達

成する必要があることから，改善プロジェクトの期間も最長2年間と設定された。

　なお，M氏から，目標達成には状況の変化に適応して施策を見直し，新たな施策を速やかに展開することが必要なので，改善プロジェクトも要件の変更や追加に迅速かつ柔軟に対応してほしい，との要望があった。

〔L社業務管理システム〕

　現在のL社業務管理システムは，L社業務管理システム構築プロジェクト（以下，構築プロジェクトという）として2年間掛けて構築し，昨年4月にリリースした。

　N課長は，構築プロジェクトでは開発チームのリーダであり，リリース後もリーダとして機能拡張などの保守に従事していて，L社業務管理システム及び業務の全体を良く理解している。L社システム部のメンバも，構築プロジェクトでは機能ごとのチームに分かれて開発を担当したが，リリース後はローテーションしながら機能拡張などの保守を担当してきたので，L社業務管理システム及び業務の全体を理解したメンバが育ってきている。

　L社業務管理システムは，業務プロセスの抜本的な改革の実現を目的に，処理の正しさ（以下，正確性という）と処理性能の向上を重点目標として構築され，業務の効率化に寄与している。業務の効率化はL社内で高く評価されているだけでなく，生産性の向上による戦略的な価格設定や新たなサービスの提供を可能にして，CS向上にもつながっている。また，構築プロジェクトは品質・コスト・納期（以下，QCDという）の観点でも目標を達成したことから，L社経営層からも高く評価されている。

　N課長は，改善プロジェクトのプロジェクト計画を作成するに当たって，社内で高く評価された構築プロジェクトのプロジェクト計画を参照して，スコープ，QCD，リスク，ステークホルダなどのマネジメントプロセスを修整し，適用することにした。N課長は，まずスコープとQCDのマネジメントプロセスの検討に着手した。その際，M氏の意向を確認した上で，①構築プロジェクトと改善プロジェクトの目的及びQCDに対する考え方の違いを表1のとおりに整理した。

表1　構築プロジェクトと改善プロジェクトの目的及びQCDに対する考え方の違い

| 項目 | 構築プロジェクト | 改善プロジェクト |
|---|---|---|
| 目的 | L 社業務管理システムの構築によって，業務プロセスの抜本的な改革を実現する。 | L 社業務管理システムの改善によって，顧客の体験価値を高め CS 向上の目標を達成する。 |
| 品質 | 正確性と処理性能の向上を重点目標とする。 | 現状の正確性と処理性能を維持した上で，顧客の体験価値を高める。 |
| コスト | 定められた予算内でのプロジェクトの完了を目指す。要件定義完了後は，予算を超過するような要件の追加や変更は原則として禁止とする。 | CSWG の活動予算の一部として予算が制約されている。 |
| 納期 | 業務プロセスの移行タイミングと合わせる必要があったので，リリース時期は必達とする。 | CS 向上が期待できる施策に対応する要件ごとに迅速に開発してリリースする。 |

〔スコープ定義のマネジメントプロセス〕

　N課長は，表1から，改善プロジェクトにおけるスコープ定義のマネジメントプロセスを次のように定めた。

・CSWGが，施策ごとにCS向上の効果を予測して，改善プロジェクトへの要求事項の一覧を作成する。そして，改善プロジェクトは技術的な実現性及び影響範囲の確認を済ませた上で②全ての要求事項に対してある情報を追加する。改善プロジェクトが追加した情報も踏まえて，CSWGと改善プロジェクトのチームが協議して，CSWGが要求事項の優先度を決定する。

・改善プロジェクトでは優先度の高い要求事項から順に要件定義を進め，③制約を考慮してスコープとする要件を決定する。

・CSWGが状況の変化に適応して要求事項の一覧を更新した場合，④改善プロジェクトのチームは，直ちにCSWGと協議して，速やかにスコープの変更を検討し，CSWGの目標達成に寄与する。

　N課長は，これらの方針をM氏に説明し，了承を得た上でCSWGに伝えてもらい，CS向上の目標達成に向けてお互いに協力することをCSWGと合意した。

〔QCDに関するマネジメントプロセス〕

　N課長は，表1から，改善プロジェクトにおけるQCDに関するマネジメントプロセスを次のように定めた。

・改善プロジェクトは，要件ごとに，要件定義が済んだものから開発に着手してリリースする方針なので，要件ごとにスケジュールを作成する。

・一つの要件を実現するために販売管理機能，顧客管理機能及び顧客チャネル機能の全ての改修を同時に実施する可能性がある。迅速に開発してリリースするには，構築プロジェクトとは異なり，要件ごとのチーム構成とするプロジェクト体制が必要と考え，可能な範囲で⑤この考えに基づいてメンバを選任する。

・リリースの可否を判定する総合テストでは，改善プロジェクトの考え方を踏まえて，⑥必ずリグレッションテストを実施し，ある観点で確認を行う。

・システムのリリース後に実施するCS調査のタイミングで，CSWGがCSとリリースした要件の効果を分析し評価する際，⑦改善プロジェクトのチームは特にある効果について重点的に分析し評価してCSWGと共有する。

**設問1**　〔L社業務管理システム〕の本文中の下線①について，N課長が，改善プロジェクトのプロジェクト計画を作成するに当たって，プロジェクトの目的及びQCDに対する考え方の違いを整理した狙いは何か。35字以内で述べよ。

**設問2**　〔スコープ定義のマネジメントプロセス〕について，(1)～(3)に答えよ。

(1)　本文中の下線②について，改善プロジェクトが追加する情報とは何か。20字以内で述べよ。

(2)　本文中の下線③について，改善プロジェクトはどのような制約を考慮してスコープとする要件を決定するのか。20字以内で述べよ。

(3)　本文中の下線④について，N課長は，改善プロジェクトが速やかにスコープの変更を検討することによって，CSWGの目標達成にどのようなことで寄与すると考えたのか。30字以内で述べよ。

**設問3**　〔QCDに関するマネジメントプロセス〕について，(1)～(3)に答えよ。

(1)　本文中の下線⑤について，N課長はどのようなメンバを選任することにしたのか。30字以内で述べよ。

(2)　本文中の下線⑥について，N課長が，総合テストで必ずリグレッションテストを実施して確認する観点とは何か。25字以内で述べよ。

(3)　本文中の下線⑦について，改善プロジェクトのチームが重点的に分析し評価する効果とは何か。30字以内で述べよ。

午後Ⅰ試験
問2

| 出題趣旨 |
| --- |
| 　プロジェクトマネージャ（PM）は，近年の多様化するプロジェクトへの要求に応えてプロジェクトを成功に導くために，プロジェクトの特徴を捉え，その特徴に合わせて適切なプロジェクト計画を作成する必要がある。<br>　本問では，顧客満足度を向上させる活動の一環としてのシステム開発プロジェクトを題材としている。顧客満足度向上の目標を事業部門と共有し，協力して迅速に目標を達成するというプロジェクトの特徴に合わせて，マネジメントプロセスを修整して，適切なプロジェクト計画を作成することについて，PMとしての実践的な能力を問う。 |

| 設問 | | 解答例・解答の要点 |
| --- | --- | --- |
| 設問1 | | 違いに基づきマネジメントプロセスの修整内容を検討するから |
| 設問2 | (1) | 要求事項の開発に必要な期間とコスト |
| | (2) | 予算の範囲内に収まっていること |
| | (3) | 状況の変化に適応し，新たな施策を速やかに展開すること |
| 設問3 | (1) | Ｌ社業務管理システム及び業務の全体を理解したメンバ |
| | (2) | 現状の正確性と処理性能が維持されていること |
| | (3) | リリースした要件による顧客の体験価値向上の度合い |

# 令和3年度　試験センターによる採点講評

午後Ⅰ試験
問2

　問2では，顧客満足度（以下，CSという）を向上させるというプロジェクトを題材に，プロジェクトの特徴に合わせたマネジメントプロセスの修整とプロジェクト計画の作成について出題した。全体として正答率は平均的であった。

　設問1は，正答率がやや低かった。プロジェクトの違いを踏まえてマネジメントプロセスを修整する必要があることを理解しているかを問うたが，"プロジェクトの目標達成に必要な体制を整備する"，"要件の変更や追加に迅速かつ柔軟に対応できるようにする"，という解答が散見された。過去のプロジェクト計画を参照し，適用する意味に着目してほしい。

　設問2(1)は，正答率がやや低かった。改善プロジェクトから提供してもらう必要がある情報は何かを問うたが，"CS向上の効果"や"優先度付けの情報"という解答が散見された。これは，CS向上ワーキンググループと改善プロジェクトの役割を区別できていないからと考えられる。プロジェクトにおけるステークホルダの役割と追加する情報の利用目的を正しく理解してほしい。

メモ

メモ ✎

＜著者紹介＞
三好 隆宏（みよし・たかひろ）：
資格の学校TACの情報処理技術者講座講師および中小企業診断士講座講師をつとめる。
情報処理技術者講座では，20年近くにわたって演習問題の作成・添削に携わっている。
北海道大学工学部卒。日本IBM，プライスウォーターハウスクーパーズを経て，現職。
著書に，『うまくいかない人とうまくいかない職場 見方を変えれば仕事が180度変わる』『コーチみよしのへ～ンシン！』（TAC出版）がある。

情報処理技術者高度試験速習シリーズ

# 2024年度版 プロジェクトマネージャ 午後I 最速の記述対策

（2012年度版 2011年12月25日 初 版 第1刷発行）

2024年2月20日 初 版 第1刷発行

|  | | |
|---|---|---|
| 著　者 | 三　好　隆　宏 | |
| 発行者 | 多　田　敏　男 | |
| 発行所 | TAC株式会社　出版事業部 | |
|  | （TAC出版） | |

〒101-8383
東京都千代田区神田三崎町3-2-18
電話　03（5276）9492（営業）
FAX　03（5276）9674
https://shuppan.tac-school.co.jp

|  | | |
|---|---|---|
| 印　刷 | 株式会社　ワ　コ　ー | |
| 製　本 | 株式会社　常　川　製　本 | |

© Takahiro Miyoshi 2024　　Printed in Japan　　ISBN 978-4-300-11068-3
N.D.C. 007

# TAC出版 書籍のご案内

TAC出版では、資格の学校TAC各講座の定評ある執筆陣による資格試験の参考書をはじめ、資格取得者の開業法や仕事術、実務書、ビジネス書、一般書などを発行しています！

## TAC出版の書籍

*一部書籍は、早稲田経営出版のブランドにて刊行しております。

### 資格・検定試験の受験対策書籍

- 日商簿記検定
- 建設業経理士
- 全経簿記上級
- 税理士
- 公認会計士
- 社会保険労務士
- 中小企業診断士
- 証券アナリスト

- ファイナンシャルプランナー(FP)
- 証券外務員
- 貸金業務取扱主任者
- 不動産鑑定士
- 宅地建物取引士
- 賃貸不動産経営管理士
- マンション管理士
- 管理業務主任者

- 司法書士
- 行政書士
- 司法試験
- 弁理士
- 公務員試験(大卒程度・高卒者)
- 情報処理試験
- 介護福祉士
- ケアマネジャー
- 社会福祉士　ほか

### 実務書・ビジネス書

- 会計実務、税法、税務、経理
- 総務、労務、人事
- ビジネススキル、マナー、就職、自己啓発
- 資格取得者の開業法、仕事術、営業術
- 翻訳ビジネス書

### 一般書・エンタメ書

- ファッション
- エッセイ、レシピ
- スポーツ
- 旅行ガイド (おとな旅プレミアム/ハルカナ)
- 翻訳小説

# 書籍の正誤に関するご確認とお問合せについて

書籍の記載内容に誤りではないかと思われる箇所がございましたら、以下の手順にてご確認とお問合せを
してくださいますよう、お願い申し上げます。

なお、正誤のお問合せ以外の**書籍内容に関する解説および受験指導などは、一切行っておりません。**
そのようなお問合せにつきましては、お答えいたしかねますので、あらかじめご了承ください。

## **1** 「Cyber Book Store」にて正誤表を確認する

TAC出版書籍販売サイト「Cyber Book Store」の
トップページ内「正誤表」コーナーにて、正誤表をご確認ください。

**CYBER** TAC出版書籍販売サイト
**BOOK STORE**

### URL：https://bookstore.tac-school.co.jp/

## **2** **1の正誤表がない、あるいは正誤表に該当箇所の記載がない**
⇒ **下記①、②のどちらかの方法で文書にて問合せをする**

★ご注意ください★

**お電話でのお問合せは、お受けいたしません。**

①、②のどちらの方法でも、お問合せの際には、「お名前」とともに、
「対象の書籍名（○級・第○回対策も含む）およびその版数（第○版・○○年度版など）」
「お問合せ該当箇所の頁数と行数」
「誤りと思われる記載」
「正しいとお考えになる記載とその根拠」
を明記してください。

なお、回答までに１週間前後を要する場合もございます。あらかじめご了承ください。

### ① ウェブページ「Cyber Book Store」内の「お問合せフォーム」より問合せをする

【お問合せフォームアドレス】

### https://bookstore.tac-school.co.jp/inquiry/

### ② メールにより問合せをする

【メール宛先　TAC出版】

### syuppan-h@tac-school.co.jp

※土日祝日はお問合せ対応をおこなっておりません。
※正誤のお問合せ対応は、該当書籍の改訂版刊行月末日までといたします。

乱丁・落丁による交換は、該当書籍の改訂版刊行月末日までといたします。なお、書籍の在庫状況等
により、お受けできない場合もございます。

また、各種本試験の実施の延期、中止を理由とした本書の返品はお受けいたしません。返金もいたし
かねますので、あらかじめご了承くださいますようお願い申し上げます。